教育部高等学校高职高专艺术设计类专业教学指导委员会

十一五规划教材

网页设计与实训

总主编 林家阳　　丁海祥　　申明远　　过嘉芹 著

河北美术出版社

编审委员会

顾问名单：

尹定邦　　广州白马公司董事顾问
　　　　　广州美术学院设计艺术学教授
林衍堂　　香港理工大学产品设计教授
官正能　　中国台湾实践大学产品设计教授
盖尔哈特·马蒂亚斯（Gerhard Mathias）
　　　　　德国卡塞尔艺术学院（Kunstschule Kassel）视觉传播学教授
王国梁　　中国美术学院建筑与环境艺术教授
蔡　军　　清华大学美术学院产品设计教授
肖　勇　　中央美术学院视觉设计系副教授
陈文龙　　上海/台湾浩瀚产品设计股份有限公司总经理
林学明　　中国室内设计协会副会长
　　　　　广东集美组设计有限公司总经理

成员名单：（按姓氏笔画排序）

尹小兵	申明远	李文跃	刘瑞武
刘境奇	向　东	陈　希	季　翔
吴继新	吴耀华	张小纲	张美兰
林家阳	赵思有	夏万爽	韩　勇
彭　亮			

学术委员会

成员名单：（排名不分先后）

韩乐斌	闻建强	戴莛	王宪迎	徐慧卿	罗猛省
林勇	张龙专	陈石萍	周向一	朱训基	杜军
马牧群	薛福平	黄穗民	沈卓雅	崔午阳	肖利才
张来源	廖荣盛	苏子东	刘永福	刘军	龚东庆
余克敏	卢伟	胡拥军	许淑燕	陈玉发	张新武
关金国	丰明高	郑有国	谭浩楠	王联翔	王石礅
赵德全	王英海	陈国清	吴迪	夏文秀	赵家富
何雄飞	张勇	李梦玲	江广城	何鸣	史志锴
莫钧	陈鸿俊	漆杰峰	肖卓萍	李桂付	蒋文亮
陆天奕	张海红	杨盛钦	黄春波	陈晓莉	钱志扬
孔锦	徐南	毕亦痴	王建良	濮军	吴建华
李涵	薛华培	虞海良	江向东	李斌	杨扬
吴天麟	邓军	周静伟	冯凯	尹传荣	王东辉
赵志君	王贤章	朱霖	戴巍	段岩涛	侯生录
王效亮	刘爱青	王海滨	张跃	李克	乔璐
王德聚	任光辉	丁海祥	梁小民	王献文	翁纪军
蒋应顺	陆君欢	李新天	颜传斌	洪波	赵浩
刘剑	蔡炳云	赵红宾	孙远刚	潘玉兰	易林
殷之明	胡成明	罗润来	陈子达	李爱红	沈国强
夏克梁	金志平	田正	欧阳刚	李俭	李茂虎
沈国臣	徐飞	丁韬	徐清涛	曹一华	秦怀宇
陆江云	钱卫	洪万里	项建恒	沈宝龙	过嘉芹
李刚	杜力天	江绍雄	温建良	陈伟	肖娜
董立荣	王同兴	韩大勇	金范九	晏钧	曹永智
郑轼	康兵	申明远	邢恺	王永红	樊亚丽
于琳琳					

序 言

艺术设计对于整个国民经济发展具有举足轻重的作用，它使产品的自身价值得到了提升，其附加值也不可估量。因此，如果没有这个概念和意识，我们的产品将失去应有的经济价值，甚至是浪费宝贵的物质资源。

我国的高职高专教育面广量多，其教学质量的好坏会直接影响国家基础产业的发展。在我国1200多所综合性的高职高专院校中，就有700余所开设了艺术设计类专业，它已成为继计算机、经济管理类专业后的第三大类型专业。因办学历史短，缺乏经验和基础条件，目前该专业在教学理念、师资队伍建设、课程设置和教材建设等方面，都存在着很多明显的问题。教育部高等学校高职高专艺术设计类专业教学指导委员会自成立以来，首先履行了教学指导这一职责，即从创新型骨干教师的培养、教材的改革开始引导教学观念、教学内容、教学质量的改进。这次我们同河北美术出版社合作，也是这项改革工程的又一具体体现。本系列教材由设计理论、设计基础、专业设计三部分组成，在编写原则上，要求符合高职高专教学的特点；在教材内容方面，强调在应用型教学的基础上，用创造性教学的观念统领教材编写的全过程，并注意做到各章节的可操作性和可执行性，淡化传统美术院校讲究的"美术技能功底"即单纯技术和美学观念，建立起一个艺术类和非艺术类专业学生的艺术教育共享平台，使教材得以更大层面地应用和推广。

为了确保本教材的权威性，我们邀请了国内外具有影响力的专家、教授、一线设计师和有实践经验的教师作为本系列教材的顾问和编写成员。我相信，以他们所具备的国际化教育视野和对中国艺术设计教育的社会责任感，以及他们的专业和实践水平，本套教材将引导21世纪的中国高等学校高职高专艺术设计类专业的教育，进行真正意义上的教学改革和调整。

教育部高等学校高职高专艺术设计类专业教学指导委员会主任
全国高职高专艺术设计类规划教材总主编　林家阳教授
2007年11月1日于上海

《网页设计与实训》参考课时安排

建议96～108课时（12课时／8～9周）

章　节	课　程　内　容		课　时	
第一章 **网页概述与网页** **基础知识** **（8课时）**	**网　页　概　述**	1．Internet的发展	4	8
		2．网站与网页		
		3．网站的现状与应用		
	网页基础知识	1．网站制作基本流程	4	
		2．网页中的界面设计		
		3．网站风格介绍		
		4．网页设计配色		
		5．网页设计的原则和注意事项		
第二章 **网页设计与实训** **（96课时）**	**网页制作起步**	1．网页尺寸大小	8	96
		2．网页从静态设计图片到HTML页面生成		
		3．网站规划及站点建立		
		4．认识Dreamweaver操作		
		5．管理网页文件		
	文字及超链接	1．文字	8	
		2．超链接		
	网页里的图片	1．网页图片格式	8	
		2．图片美化网页		
		3．使用Dreamweaver内建的编辑图像功能		
		4．动态图片制作		
	表格及图层	1．认识表格	16	
		2．认识图层		
	表　　单	1．创建表单	4	
		2．添加表单对象		
		3．表单的实际案例		
	CSS样式表文件	1．认识CSS样式表	12	
		2．新建CSS样式表		
		3．链接外部CSS样式表		
		4．CSS样式表实例		

章　节	课　程　内　容		课　时
	使 用 行 为	1．行为基础	8
		2．行为应用	
	插入动态元素	1．插入Flash动画及设置	4
		2．嵌入视频文件	
		3．播放网页音乐	
	框　　架	1．建立框架集与框架页	4
		2．框架页插入	
		3．框架页之间的编辑	
		4．美化框架页	
		5．建立浮动框架页	
	模 板 和 库	1．创建模板	4
		2．修改模板	
		3．套用模板	
		4．库元素在页面中的应用	
	实 例 应 用	1．设计站点	20
		2．制作站点	
		3．发布站点	
第三章 优秀网页设计欣赏与作品评析 （4课时）	国内优秀作品	1．影视类网站	2
		2．音乐类网站	
		3．休闲、旅游类网站	
		4．个人主页类网站	
		5．教育、科研类网站	
		6．卡通类网站	
	国外优秀作品	1．居家类网站	2
		2．多媒体、数码类网站	
		3．艺术、设计类网站	
		4．公司展示类网站	
		5．体育运动类网站	

（第三章合计课时：4）

目 录

网页概述与网页基础知识

网页概述
Internet的发展
网站与网页
网站的现状与应用

网页基础知识
网站制作基本流程
网页中的界面设计
网站风格介绍
网页设计配色
网页设计的原则和注意事项

第一章　网页概述与网页基础知识

一、网页概述

教学目的 —— 在科学技术迅猛发展的今天，Internet正在改变着人们的生活，在各个领
域都能见到互联网的应用。这一节主要对网页做简要概述

课程时间 —— 4课时

1. Internet的发展

　　Internet字面上讲就是计算机互联网的意思。通俗地说，成千上万台计算机相互连接到一
起，这一集合体就是Internet。

　　Internet（互联网）的原型是1969年美国国防部远景研究规划局（Advanced Research
Projects Agency）为军事实验而建立的网络，名为ARPANET（阿帕网）。建立初期只有四台
主机，其设计目的是，当网络中的一部分因战争原因遭到破坏时其余部分仍能正常运行。20
世纪80年代初期ARPA和美国国防部通信局研究成功用于异构网络的TCP/IP协议并投入使用。
1986年美国在国会科学基金会（National Science Foundation）的支持下，用高速通信线路把
分布在各地的一些超级计算机连接起来，以NFSNET接替ARPANET，又经过十几年的发展形成
Internet。其应用范围也由最早的军事、国防，扩展到美国国内的学术机构，进而迅速覆盖了
全球的各个领域，运营性质也由科研、教育为主逐渐转向商业化。

　　进入20世纪90年代后，互联网发展更加迅速，目前世界已进入信息化时代。一个国家在经
济上能否迅速发展，重要的是要看整个社会信息化的程度如何，而实现社会信息化的一个非常
重要的环节就是要建设好一个先进的国家信息网络。

　　我国的Internet发展可分为两个阶段：

　　第一个阶段为1987年～1993年。1987年9月20日，北京计算机应用技术研究所通过与德
国某大学的合作，向世界发出了我国的第一封电子邮件。从1990年开始，我国科技人员开始
通过欧洲节点在互联网上向国外发送电子邮件。1990年4月，世界银行贷款项目——教育和科
研示范网（NCFC）工程启动，该项目由中国科学院、清华大学和北京大学共同承担。1993年3
月，中国科学院高能物理研究所与美国斯坦福大学联网，实现了电子邮件的传输。随后，几所
高等院校也与美国互联网连通。

　　第二阶段从1994年至今，实现了与Internet的TCP/IP的连接，逐步开通了Internet的全功
能服务。1994年4月，NCFC实现了与互联网的直接连接，同年5月顶级域名（CN）服务器在中
国科学院计算机网络中心设置。根据国务院规定，有权直接与国际Internet连接的网络和单位
是：中国科学院管理的科学技术网、国家教育部管理的教育科研网、邮电总局管理的公用网和
信息产业部管理的金桥信息网，这四大网络构成了我国的Internet主干网，Internet的迅速发
展为电子商务在我国的开展奠定了基础。

2. 网站与网页

　　WWW（World Wide Web，即万维网）是Internet上把所有信息组织起来的一种方式，它是
一个超文本文档的集合，其中包括所有的本地信息。它可以从一个文档连接到另一个文档，
让你驰骋于Internet网络中。网页显示在Web浏览器中，大家通过浏览器所看到的一个个画
面就是网页。一个网页就是指具体的一个HTML文档，其中包括文字、图片、声音、多媒体文

件、超链接等。在浏览器的地址栏位置，可以看到显示的网页文件名称。静态网页扩展名通常为".html"或".htm"。（图1-1-1）

网站是由许多HTML文件集合而成，至于要多少网页集合在一起才能称作网站，就没有规定了。一个网站中的网页结构性较强，具有明显的层次和组织安排。通常每个网站都有一个首页（打开网站时所看到的第一个画面），其中包括网站的标志（Logo）和指向其他子页面的网页链接。单击链接，可以打开下一级网页的具体页面，由超链接完成整个网站在各个页面间的跳转。

网页是组成网站的元素，设计制作网页时要考虑到网站的结构和组织，这样才可以合理地制作网站。

3．网站的现状与应用

根据一组互联网统计数据显示，著名的Netcraft（Via Digg）刚刚完成了最新的互联网调查，截止到2006年3月31日，互联网上一共有8066万个网站。单是在2006年3月这一个月里，世界上的网站数量就增长了310万个。而在2003年8月所得的调查结果为4000万个，这说明了互联网上的网站数量在过去的3年里就已经翻了一番，增长速度相当惊人。

现今随着网络发展的迅速化和普及化，网站已经成为我们生活中最重要的信息平台和交流媒介。

小结

关于互联网我们进行了简要地描述，在后边的章节中，将针对网页的设计与制作做更进一步学习。

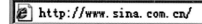

图1-1-1 地址栏

二、网页基础知识

教学目的 — 本节主要介绍网页界面的构成要素、网站开发流程以及网站设计要求等基础知识，通过学习可对网页设计做一个全面了解

课程时间 — 4课时

实训项目 — 1. 合理配色，设计一张商务网站的首页PSD图片
2. 合理配色，设计一张门户类网站的首页PSD图片

参考资料 — 《设计师谈精彩网页设计》，（韩）黄在贤，电子工业出版社

1. 网站制作基本流程

（1）前期策划和内容组织

当拿到一个项目的时候，通常网站制作的技术小组要对其客户进行调查，对浏览网站的使用用户进行分析，以便预测当前客户对网站设计风格和界面的需求，以及他所需求的功能和效果应当如何分配和合理使用。（图1-2-1）

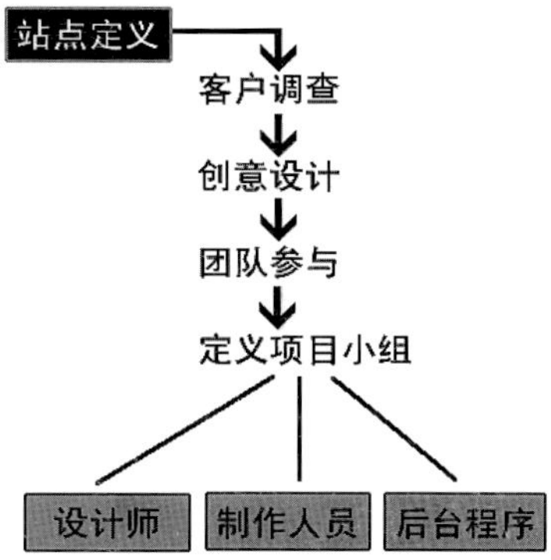

（2）网站整体风格的确定

网站风格是由网站类型决定的，整体风格及其创意设计是设计师们最希望掌握的，也是最难学习的。独特效果网站的实质就是网站整体形象的体现。

不同类型的网站，各自的风格肯定是不一样的。为营造不同类型网站的气氛，设计师在整体风格上就要明显区分，比如色调、笔触、动画风格、图片修饰等，使浏览者在登陆网站的时候能轻易地辨别和记忆该网站的类型。

（3）网站内容的确定

在与客户进行了很好的沟通之后，设计者马上就要确定网站的功能和大致内容，当然也需要采纳客户的建议和他们的需求。通常程序为：

① 勾画草图
② 规划页面结构
③ 规划站点结构

（4）网站页面的设计和制作

在确定了网站风格和内容后，就可以进行设计和制作了——通过各种制作软件来实现你的想法和设计思路。（图1-2-2）

设计首页的第一步是设计版面布局。我们可以将网页看成传统的报纸杂志来编辑，这里面有文字、图像以及动画等。我们要做的工作就是以最适合的方式将图片和文字摆放在页面的相应位置，在草图上完成一个大概的布局规划后，就可以在计算机上通过软件来开始制作了，我们常用软件Dreamweaver来最后合成。

2. 网页中的界面设计

网页界面设计者，要了解浏览者使用网络时的阅读习惯，使网页界面更人性化、体系化，从而使用户能够在良好的环境下便利地应用网络。

（1）网页界面的构成要素

网站的界面一般来说就是看到的该网站的画面。网页界面基本由浏览软件，即网页浏览器（工具栏、地址栏、状态栏、菜单栏）和导航要素

站点定义 → 客户调查 → 创意设计 → 团队参与 → 定义项目小组 → 设计师　制作人员　后台程序

图1-2-1 前期策划流程图

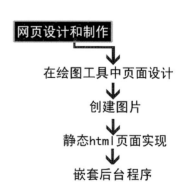

网页设计和制作 → 在绘图工具中页面设计 → 创建图片 → 静态html页面实现 → 嵌套后台程序

图1-2-2 页面制作流程图

（主菜单、子菜单、搜索栏、历史记录等）及各种内容（标志、图像、文本、著作权标志等）构成。（图1-2-3）

网站标志能使这个网站与其他网站区分开，它能起到最直接表明网站身份的标识作用。网页的主要图像在网站中最能烘托整个网站的气氛，因此在这方面应多费些心思。著作权标志是明示网站内所有内容的著作权的重要部分。网站的索引要素有主菜单、子菜单、搜索、跳跃菜单、图像等许多项内容，其中网站的主菜单最为重要，所以应该从视觉的角度设计出既美观大方又方便实用的主菜单。

（2）网页导航设计

在网页设计中，必备的要素之一就是包括网站菜单等在内的导航要素。网站菜单一般使用文本形式的超级链接或应用图像。最近以运用Flash交互式特性的Flash菜单设计被广泛的采用。在网页界面中，导航要素应该比其他任何东西都更容易使用户得到直观的认识。

图1-2-3 浏览器中看到的网页

① 网页导航的构成要素

用户在网站中要到达他想到达的地方，必须通过导航的指引，这就是每个网站内都包含很多导航要素的原因。在这些要素中有菜单按钮、移动的图像、搜索框和链接等各种各样的对象，网站的页面越多，包含的内容和信息越复杂多样。一般来说，在网页的上端或左侧设置主要的导航要素。同时，利用菜单按钮或移动的图像区别于一般的内容和其他的文本。但为了使自己的网站与其他网站有所区别，并让人们感觉富有创造力，有些网站就在导航的构成和设计方面，打破了那些传统的已经被普遍使用的方式，自由发挥自己的想象力，追求导航的个性化，像这样的网站如今也有不少。重要的一点是我们应把导航要素的构成设计得符合整个网站的总体要求和目的，并使之更趋于合理化。

② 网站导航设计原则

在设计网站导航时，每个不同的类别、不同层次的导航都要设计不同的颜色，这样不仅能刺激用户的好奇心，也能更大地发挥导航栏的帮助作用，同时应把导航设计得更直观一些，让用户一下就看明白，这样才能收到好的效果。在导航栏的设计方面需要多动动脑筋，因为导航要素设计的好坏决定着用户是否能很方便地使用该网站。虽然也有一些网站故意把导航要素隐藏起来，诱惑用户去寻找，从而引起用户的兴趣，但这只是极个别的情况。我们应尽可能地使网站各页面间的切换更容易，查找信息更快捷，操作更简便。（图1-2-4）

只有把导航要素设计得直观、单纯、明了，才能给用户带来最大的方便，使之更接近于一个优秀网站的标准。

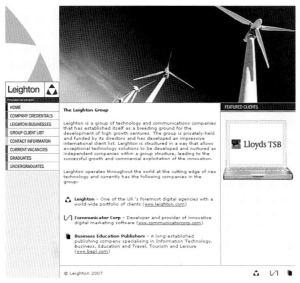

图1-2-4 网站中清晰的导航栏目

3. 网站风格介绍

现今网络已经成为人们日常生活的重要组成部分，网站也已经被更多的人认可和使用，要想使更多的浏览者驻足自己的网站，设计者就要在风格和功能使用等方面慎重考虑了。

这里仅仅从设计师的角度来整体把握——如何设计一个成功的网站！

（1） 确定网站的整体风格

网站的整体风格及其创意设计是最难以学习的，难就难在没有一个固定的模式可以参照和模仿。风格（Style）是抽象的，是指站点的整体形象给浏览者的综合感受。这个"整体形象"包括站点的CI（标志、色彩、字体、标语）、版面布局、浏览方式、交互性、文字、语气、内容价值、存在意义、站点荣誉等等诸多因素。例如：有关电脑和通信的网站应把尖端的技术和最新的信息融入到网页里面，设计出既简洁又洗练的界面。在界面上应把鲜明的图片和整齐有序的文本有机地结合在一起，从而把相关产品的性能和优点最大限度地展现出来。例如：http://notebook.samsung.com.cn/。（图1-2-5）

能够展现音乐带来的精神上的自由、感动和趣味，这是音乐网站需要的设计理念。通常与音乐有关的网站都比较注重个性，利用背景音乐或制作可以听到的音乐部分来表现音乐网站的特性。

在音乐网站的设计上没有特别的禁忌，但也不能过分追求自由和个性，以至于失去平衡感和使用的便利性。同时还要考虑配色和布局，以提

图1-2-5 网站风格（一）

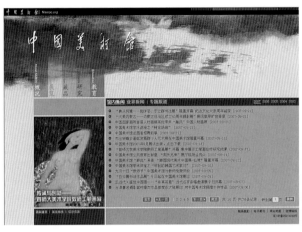

图1-2-7 网站风格（三）

图1-2-6 网站风格（二）

图1-2-8 网站风格（四）

高整体设计的水准。例如：http://www.emimusic.com.cn/。（图1-2-6）

使用图像会使人留下深刻的印象，所以艺术类网站一般以文字信息为辅。艺术网站设计最重要的是艺术性的表现，作为艺术网站的设计者，风格与众不同是最重要的。艺术类网站和其他领域的网站相比，不仅要拥有高质量的图像，而且还要考虑容量，合理地安排网页。例如：http://www.namoc.org/。（图1-2-7）

人民政府网是我们获取国家信息、政府要闻的重要来源地，政府网站给人的感觉是严肃的、威严的和公正的。如今政府机关的网站正在从过去的权威感和严肃感中走出来，政府机关类网站基本上是把重点放在传达信息和使用便利上，同时着力营造一种亲和、洗练的气氛。在这种情况下，导航要设计得简单、方便；布局设计要井然有序；内容要简洁、精练，保持一贯性很有必要。柔和的配色会大大增强亲切感。政府、机关类网站正从以前的生硬中脱离出来，向着洗练而具有创意的方向努力着。例如：http://www.sz.gov.cn/。（图1-2-8）

关于购物网站的页面，重要的是要有可以方便查询到商品的导航栏，并能够明显地标示出商品的种类并介绍该商品。购物网站的核心就是商品，为了使商品看起来更美观，就需要有合理的布局和精美的商品图像。而且，在购物网站，要注意所用到的大礼包等吸引顾客的小细节。例如：http://www.taobao.com/。（图1-2-9）

有关教育的网站大体可以分为两种类型——院校主页和在线教育。教育网站的设计要表现出专业性，在主页上可以放置一些校园风光的照片或校内活动的场景照片，这样既可以表现出学校良好的学习环境，又能表现出学校的开放性。学校的网站在用色的把握上应该注重理性和给人以明朗的感觉。例如：http://www.tsinghua.edu.cn/qhdwzy/index.jsp。（图1-2-10）

（2）风格制作技巧

在这里，给大家提供一些参考经验：

①将标志（Logo），尽可能地放在每个页面上最突出的位置，例如放在网页的左上角。
（图1-2-11）

②突出你的个性色彩。

③在网站的横幅（Banner）中放一条你认为不错的宣传标语或动画。

④同一类型的图像采用相同的处理效果。

⑤表格的处理、文字的字号、图标的尺寸以及背景色和超链接的设置，最好能够符合网站特色和整体样式。

图1-2-9　网站风格（五）

图1-2-10　网站风格（六）

图1-2-11　网站Logo

4. 网页设计配色

在网页设计中合理地运用色彩，就要清楚不同色彩的特性、象征及对比效果等基本知识。想在网页设计中自由地运用色彩，只知道这些是不够的，因为网页是个特殊的环境。色彩设计不好的网站即使布局和设计再强也会给人以距离感，最终使用户离开。所以，无论出于什么想法，是给用户以好感，还是想制作使人印象深刻的网站，都需要对色彩的使用进行重要的定位和思考。

（1）网页色彩的特性

在网页中，色彩的运用并不像想象的那么容易，在显示器中看到的色彩会随着用户显示器环境的变化而变化。特别是在网页这个特殊的环境里，色彩的使用就更加困难。

① 网页安全色彩

计算机显示器呈现的画面是由一个个被称为像素的小点构成的，像素把光的三原色R（红）、G（绿）、B（蓝）组合成的色彩按照科学的原理表现出来，每个像素包含8位元的信息量，包括0~255的256个单元，0是完全无光的状态，255是最明亮的状态。

如果用户的显示器只能看到8位色彩的话，无论使用多么鲜艳的色彩也只能显示出256种颜色。虽然最新的计算机和显示器的性能越来越好，大部分用户都能使用16位以上的颜色，但只能在256色彩环境下使用网络的人还是有很多。

考虑到这一点而在网页设计中使用的颜色就是网页安全色。网页安全色彩是以8位元256色为基准，除去Macintosh（苹果机）的窗口和网页浏览器中表现出的40种颜色，剩下的只有216种色彩。

用HTML表现RGB色彩，采用十六进制数0~255，改为十六进值的话就是从是00到FF，用RGB的顺序罗列就成为HTML色彩编码。比如在HTML编码中000000就是R（红）、G（绿）、B（蓝）都为0的状态，就是黑色。相反，FFFFFF就是R（红）、G（绿）、B（蓝）都为255的状态，就是R（红）、G（绿）、B（蓝）最明亮的状态，即白色。看HTML色彩编码是否是网页安全色彩的方法是观察那个编码的组合，RGB色彩采用十六位进制值为FF、CC、99、66、33、00来体现网页安全色彩。

（2）色彩模式

① RGB色彩模式

RGB色彩模式是通过光的三原色相加混合产生的。显示器中的所有色彩都是通过红色、绿色、蓝色这三原色的混合来显示的。因此，把这种颜色的显示方式统称为RGB色彩模式。

② CMYK色彩模式

CMYK色彩模式是指墨水或颜料的三原色加上黑色这4种颜色，混合后出现的色彩。

③ 索引色彩模式

索引色彩模式使用的颜色是已经被限定在256个以内的一种模式，主要在使用网页安全色彩和制作透明的GIF图片时使用。在Photoshop中制作透明的GIF图片时，一定要使用索引色彩模式。

④ 灰度模式

灰度模式是在制作黑白图片时使用的模式，主要用于自然地处理黑、白、灰色图片。使用灰度或黑白扫描仪产生的图像以灰度模式显示。

⑤ 双色调模式

双色调模式是在黑白图片上加入颜色，使色调更加丰富。在RGB色彩样式中，图像不能转换为双色调模式，所以先要转换为灰度模式，然后再转换为双色调模式。使用双色调模式可以用很小的空间制作出使人印象深刻、感觉与众不同的图片。

⑥ 位图模式

位图实际上是由一个个黑色和白色的点组成的，也就是说它只能用黑白来表示图像的像素。它的灰度需要通过点的抖动来实现，即通过黑点的大小与疏密在视觉上形成灰度。它的每个像素只能表现两种亮度级别，即黑色和白色。

只有灰度模式的图像能直接转换为位图，其他如RGB、CMYK等常用的色彩模式在转换成位图时必须先转换为灰度模式，然后才能转换为位图。

（3）利用色彩的基本原理配色

了解一定的色彩知识对一名网页设计师是很重要的。为了能制作出洗练、完美的网站设计，就要理解基本的色彩设计原理并能够灵活运用。

① 色彩三要素

色彩是我们进行设计时最重要的使用元素之一，首先我们需要清楚色彩的三个属性。

颜色可以分为非彩色和彩色两大类。非彩色指黑色、白色和各种深浅不一的灰色，而其他所有颜色均属于彩色。色彩具有三个属性：色相、明度、饱和度。

色相（Hue）

也叫色调，指颜色的种类和名称，是颜色的基本特征，是一种颜色区别于其他颜色的因素。

色相和色彩的强弱及明暗没有关系，只是纯粹表现色彩相貌的差异，如红色、黄色、绿色、蓝色、紫色等都是不同的基本色相。（图1-2-12）

明度（Value）

也叫亮度，指色彩的深浅、明暗程度。一般来说最暗的黑色明度为0，最亮的白色明度为10，图1-2-13显示了明度的递增效果。

饱和度（Chroma）

也叫纯度，指色彩的清浊程度。饱和度最高的为纯色，随着颜色的混合程度的增加纯度逐渐减低。如：某一鲜亮的颜色，加入了白色或者黑色后，会使它的纯度降低，颜色趋于柔和、沉稳，图1-2-14所示为加入黑色后的纯度变化和加入白色后的纯度变化。

② 色彩的对比

在设计时通常要用到几种颜色，使用两种以上的颜色时就会出现色彩间的对比现象。色彩的差异、明度的差异、饱和度的差异都可以强调或削弱原来色彩的感觉。比如：为了提高色彩的受关注程度，可以使用高饱和度的颜色，这样所强调的颜色与其周边颜色的纯度就明显区分开来。提高明度，加大明暗差异，或通过暖色和冷色的对比都可以使想强调的部分凸显出来。

明度对比是指通过亮色与暗色的对比，使明亮的色彩更明亮，灰暗的色彩更灰暗；色彩对比是指在明度和饱和度相似的颜色中，更深地感受色彩的差别。色彩的对比强，会使页面看起来更有活力，更能够起到集中视线的作用；饱和度对比是指饱和度不同颜色之间的对比，使饱和度高的颜色看起来纯度更高，饱和度低的颜色看起来纯度更低。在混合颜色时，相互混合后能够完全抵消色彩的两种颜色互为补色，补色位于色环相对的两端。互为补色的两种颜色互相

图1-2-12 色相   图1-2-13 色彩明度   图1-2-14 色彩饱和度

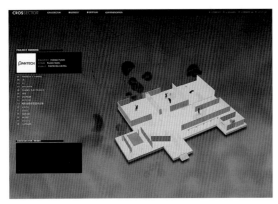

图1-2-15 使用红色系的网站

图1-2-16 使用蓝色系的网站

并不妨碍，使用补色可以自然地强调出对比。

此外，如果先看某种颜色，再看下一个颜色时会受到上一个颜色的影响，根据时间间隔的不同，影响也不同。根据色彩面积不同而感觉到的不同叫面积对比；冷色和暖色的对比叫做冷暖对比；两种颜色连接时分界部分的色彩，其明度和饱和度对比表现更加突出的对比叫边缘对比；同时观察互相接近的两种以上的颜色时发生的对比叫做同等对比。

（4）利用色彩的联想作用配色

网站的目标决定网页色彩。为网站的目标而合理地选择颜色，很好地理解各种颜色的特性和联想作用，对于一个网页设计者来说是很重要的事情。一般来说，在网页上使用的颜色其组合都有一定的一贯性和共同点。如使用一系列类似的颜色或者饱和度和明度接近的颜色以及利用颜色的对比等，都是按照一定原则来选择颜色的。颜色所呈现的一般性的感觉和象征等效果都要灵活地运用，这样才能给用户留下良好的印象。为避免用户的用眼疲劳，我们应当考虑采用让用户眼睛舒服的颜色。

① 红色、粉红、橙黄、黄色

红色是受瞩目和吸引人的颜色，通常使人联想到火或血，使人热情高涨，给人很强的视觉刺激。红色象征热情、危险、权威等；红色减弱色调就变成了粉红，粉红和红色不同，显得很温和、甜蜜和可爱；朱红和红色一样引人注目，给人温暖和充满活力的感觉。橙黄色很醒目，在工厂中表示警戒和危险的标识通常选用橙黄，明亮的橙黄色还可以增加食欲；黄色给人明朗和希望的感觉，也象征幸福和福气，黄色很容易被识别，所以常被使用在工厂或道路上，用来引起注意，还象征着真诚或安全。（图1-2-15）

② 蓝色

蓝色给人冷的感觉，使人联想到大海、天空。蓝色象征着青春，由于工作服经常是蓝色，所以蓝色也象征着劳动。也有Success Blue的说法，所以也象征成功。蓝色吸引人和受瞩目的程度不是特别高，通常和白色相配，蓝色还经常喻意为正直和信任等。（图1-2-16）

③ 绿色

草绿象征自然、健康、青春、成长、富饶等，有使眼睛解除疲劳、缓解痛苦和紧张的效果。草绿色虽然并不太引人注目，但如果明度和饱和度都合适的话，可以营造舒适的氛围，给人安定感；深绿色常被用在休息室、会客室、手术服和安全标志上。应该注意的是草绿色如果使用不当会给人以厌烦和孤独的感觉；浅绿色有很强的中立性，给人以安静的感觉；深绿色则给人较严格和严肃的感觉；淡绿色让人感觉新鲜，给人希望、明朗的感觉，同时给人清新活力之感。（图1-2-17）

④ **黑色、灰色、白色**

黑色象征着黑暗、沉没以及忧伤。但洗练地使用黑色可以营造高贵的氛围，黑色也被认为是代表上流社会、权力、奢华的颜色。黑色不反射色光，吸收所有颜色，所以在配色时有让别的颜色更鲜明的作用。黑色给人凝重的、深邃的感觉，也可代表现代的氛围；灰色随着配色的不同可以感动人，相反也可以很平静。灰色较为中性，象征理性、老年、虚无等，使人联想到工厂、都市、冬天的荒凉等。灰色可以营造保守、稳重的气氛，表现出均衡感和洗练的气氛，可以和大部分颜色配合使用；白色在网页中是最普遍使用的基本背景色，具有干净纯洁的意味，象征纯洁、清白、清洁，使人联想到雪、婚纱等。（图1-2-18）

（5）网页配色的基本方法

配色不同的网页给人的感觉差异性很大，一般用与网页主题相符的颜色，可能的话尽量少用几种颜色。把鲜明的色彩用做中心色彩时，以这个颜色为基准，同时使用与它邻近的颜色，使其具有统一性。需要强调的部分使用别的颜色，或利用几种颜色的对比，这些是网页配色的基本方法。

网页配色是网页设计的重要构成元素。如果想把各种各样的颜色有效地调和起来，就要制定一个规则，再按照它去做会比较好。比如，用同一色系的色彩制作某种要素时，可以按照颜色种类只变换背景色的明度和饱和度，或者维持一定的明度和饱和度只改变色相。利

图1-2-17 使用绿色系的网站

图1-2-18 使用黑、白色系的网站

用色彩三要素——色相、饱和度和明度来配色是比较容易的。比如，使用同样的颜色，变换饱和度差异或明度差异，是简单而又有效的配色方法。

首先，背景色与文字颜色的选用应避免色彩的亮度、色调的混合与色彩饱和度的一致，这主要是为了让浏览者方便阅读。很显然，字的颜色和背景色有明显的差异，其可读性和可识别性就强。这时主要使用的配色是明度的对比配色或者利用补色关系的配色。使用灰色或白色等无彩色背景，其可读性高，和别的颜色也容易配合。但如果想使用一些比较有个性的颜色，或者想在网页中恰当地使用色彩，就要考虑各个要素的特点。背景和文字如果使用近似的颜色，其可识别性就会降低，这是文本字号大小处于某个值时的特征。即，各要素的大小如果发生改变，色彩也需要改变。标题字号大小如果大于一定值，即使使用与背景相近的颜色也不会有太大的妨碍。相反，如果与周围的颜色互为补充，可以给人整体上调和的感觉。如果整体使用比较接近的颜色，那么就对想要强调的内容使用它的补色。（图1-2-19）

（6）网页色彩搭配技巧

在配色时，最重要的莫过于整体平衡。关于色彩的原理还有许多，在此仅提供一些网页配色时的小技巧。

① 用一种色彩

这里指先选定一种色彩，然后调整透明度或者饱和度，产生新的色彩。这样的页面看起来色彩统一，有层次感。

② 用两种色彩

先选定一种色彩，然后选择它的对比色。

③ 用一个色系

这里是指用同种感觉的色彩，例如：淡蓝、淡黄、淡绿或者深黄、深灰、深蓝。

④ 在网页配色中，还要切记一些误区

不要将所有颜色都用到，网站的主色调尽量控制在三种色彩以内，背景与文字的对比要大，尽量突出网页的主要内容。

图1-2-19 网页里的合理配色

5. 网页设计的原则和注意事项

（1）设计上的原则

设计是有原则的，无论使用何种手法对画面中的元素进行组合，都要遵循统一、连贯、分割、对比及和谐的原则。

① 统一

统一是指设计作品的一致性。设计作品的整体效果至关重要，在设计中切勿将各组成部分孤立分散，那样会使画面呈现出一种零乱的效果。

② 连贯

连贯是指要注意页面的相互关系。设计中要利用各组成部分在内容的内在联系和表现形式上的呼应关系，并注意保持整个页面设计风格的一致性，实现视觉上和心理上的连贯，使整个页面的各个部分极为融洽，一气呵成。

③ 分割

分割是将页面分成若干小块，小块之间有视觉上的不同，这样可以使浏览者一目了然。在信息量很多时为使浏览者能够看清楚，就要将画面进行有效的分割。分割不仅是表现形式的需要，也是对页面内容的一种分类归纳。

④ 对比

对比就是通过矛盾和冲突，使设计更加富有生气。对比的手法很多，例如：多与少、曲与直、疏与密、虚与实、主与次、黑与白等。在使用对比的时候应慎重，对比过强会破坏美感，影响统一。

⑤ 和谐

和谐是指整个页面须符合美的法则，浑然一体。如果一件设计作品仅仅是色彩、形状、线条的随意混合，那么这件作品将不仅没有"生命感"，而且根本无法实现视觉设计的传达功能。和谐不仅要看结构形式，而且要看作品所形成的视觉效果能否与人的视觉感受形成一种沟通，产生心灵的共鸣，这是设计成功与否的关键。

相对统一的网页布局和色彩设计是永远不变的重要原则。（图1-2-20）

（2）网页的适应性和性能优化

在网页设计中，网页的适应性和性能优化是较为重要的两个环节，它们的成功与否会影响页面的浏览速度和页面的适应性，进而影响页面的浏览者对网站的印象。

文字：在资讯类网站中，文字是页面中最大的构成元素，使用"CSS样式表"指定文字的样式是必要的，通常我们将字体指定为宋体，字号指定为12pt，颜色要视网页背景色而定，原则上以能看清且与整个页面搭配和谐为准。

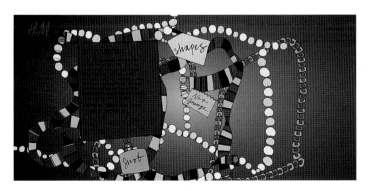

图1-2-20 设计突出的网站

图片：图片是网页中的重要元素。图片的优化是指在保证浏览质量的前提下将图片尺寸降至最小，这样可以成倍地提高网页下载速度。利用Photoshop或Fireworks都可以将图片分成小块，分别进行优化。输出的格式可以为GIF或JPGE，要视具体情况而定。一般我们把颜色变化较为复杂的小块优化为JPGE格式，而把那种只有单纯色块的卡通画式的小块优化为GIF格式，这是由这两种格式的特点决定的。为了减小体积，网页中的背景图片可以使用比较独特的小方块式图案。（图1-2-21）

表格：表格是页面中重要元素，也是页面排版的主要手段。我们可以设定表格的宽度、高度、边框、背景色、对齐方式等参数。很多时候，我们将表格的边框设为0，以此来定位页面中的元素，或者以此来确定页面中各元素的相对位置。我们知道：浏览器在读取网页HTML源代码时，是读完整个"<table>"才将它显示出来的。如果一个大表格中含有多个子表格，必须等大表格读完，才能将子表格一起显示出来。因此，我们在设计页面表格的时候，应该尽量避免将所有元素嵌套在一个表格里，且表格嵌套层次尽量要少。

尺寸：网页的适应性是很重要的，在不同的系统、不同的分辨率、不同的浏览器上，我们将会看到不同的结果，因此设计时要统筹考虑。一般我们在800×600像素的分辨率下制作的网页，最佳浏览器效果也是在800×600像素分辨率下显示，在其他分辨率下只是保证基本一致，不出现较大问题即可，不过目前一般的网站都可以直接使用1024×768像素的分辨率。

设计是主观和客观共同作用的结果，是在自由和不自由之间进行。设计者不可能超越自身已有经验和所处环境提供的客观条件的限制，优秀的设计者正是在掌握客观规律的前提下得到了完全的自由——想象和创造的自由。网络技术表现为客观因素，艺术创意表现为主观因素，网页设计者应该积极主动地掌握现有的各种网络技术规律，注重技术和艺术的紧密结合，这样才能穷尽技术之长，实现艺术理想，满足浏览者对网页信息的高质量需求。

网络技术与艺术创意的紧密结合，使网页的艺术设计由平面设计扩展到立体设计，由纯粹的视觉艺术扩展到空间的视听艺术，网页效果不再类似于书籍或报纸杂志等印刷媒体，而是更接近电影或电视的观赏效果。技术发展促进了技术与艺术的紧密结合，把浏览者带入到了一个现实中的虚拟世界，技术与艺术的紧密结合在网页艺术设计中体现得尤为突出。

设计师真正的意图是把更多、更适合的信息传递给浏览者。作为设计师必须首先了解设计的基本结构，进而去掌握和表达信息。所以，在制作的时候需要考虑以上这些原则。

图1-2-21 网页元素的合理配置

实训项目

实训名称 — 1. 合理配色，设计一张商务网站的首页PSD图

　　　　　　2. 合理配色，设计一张门户类网站的首页PSD图

相关规范 — 结合上课所讲的设计基础知识，根据自己的喜好在Photoshop中设计两个不同风格类型的网页图片

实例参考 — 参考文件地址：..\01\1-2\Example\

小结

　　通过对网页基础知识的介绍，首先对网页设计有了直观的感受和体验。在实战制作前必须要了解网页制作的流程及设计原则，因为这是以后系统地学习如何设计制作网站的重要基础环节。

搜狐网站

UFIDA 用友软件网站

网页设计与实训

第二章 网页设计与实训

一、网页制作起步

训练目的 — 这一节是开始实战的第一步，通过对网页制作的初步讲解，做好学习网页设计与制作的基础功课

课程时间 — 8课时

实训项目 — 1. 建立站点，设计一张设计类公司网站的首页PSD图，生成网页文件

2. 建立站点，设计一张软件类公司网站的首页PSD图，生成网页文件

1. 网页尺寸大小

在设计网页之前首先要弄清什么是网页尺寸的大小。网页尺寸是指我们在自己的电脑上进行浏览的一个页面占据屏幕的像素和面积大小。

电脑设置的分辨率因使用者和各个电脑设备的不同而有差异。最常见的是800×600像素分辨率和1024×768像素这两种分辨率屏幕，而当前又以1024×768像素的分辨率使用最为频繁，但我们一样不能忽略少数使用800×600像素分辨率的浏览者。

（1）标准尺寸

①当浏览者默认的分辨率为800×600像素时，如果网页宽度保持在778像素以内，那么在浏览该网站时就不会出现水平滚动条，高度则视版面和内容决定。页面长度原则上不超过3屏，宽度不超过一屏。

②当浏览用户的使用分辨率为1024×768像素时，如果网页宽度保持在1002像素以内，高度在600~610像素之间，满框显示的话，就不会出现水平滚动条和垂直滚动条。（图2-1-1）

（2）尺寸设定

① 网页的尺寸设为固定大小

在制作网页时，把网页的尺寸的宽窄用表格设定，无论采用什么样的分辨率，网页的尺寸都不会随着窗口的宽窄而改变。网页的排版方式采用表格并输入绝对数值来固定网站的宽度。（图2-1-2）

② 网页的尺寸设为相对浏览器窗口的宽度

无论浏览器窗口采用哪种分辨率设置，网页都会随着浏览器的变化而自动随之改变，以配合网站整体完整地显示。（图2-1-3）

屏幕尺寸	网页制作尺寸	屏幕尺寸	网页制作尺寸
800×600	778×560	1024×768	1002×600

图2-1-1 网页标准尺寸

图2-1-2 固定网页尺寸　　　　　　　　　　图2-1-3 相对网页尺寸

2．网页从静态设计图片到HTML页面生成

网页制作是一个完整流程，它需要由多个编辑软件完成整体制作。

首先打开浏览器看一个完整网页。（图2-1-4）

从网页静态图片的制作到HTML页面的生成具体步骤如下：

（1）规划和设计网站

接到网站定制的工作安排之后，首先要整理所收集到的图片、电子文稿等相关文件，同时采纳和听取客户对网站制作和设计的个人意见和想法。之后，整理思路，确定栏目内容和页面内容，再开始勾画草图。

（2）在Photoshop中设计网页图片

首先要考虑页面符合1024×768像素分辨率，并确定制作页面的画布尺寸。（图2-1-5）

在Photoshop中直接绘制设计

为了使在Photoshop里做的设计图和网站上显示的网页效果一致，必须考虑颜色的使用，因为Web上面只用到256种Web安全色，而Photoshop中的RGB、CMYK、LBA和HSB的色域很宽，颜色范围很广，因此自然会有失色的现象，所以在使用上所需要的颜色必须选用Web安全色。（图2-1-6）

在文字的使用上，页面上的文字在不同软件中显示的大小不同，对应在Photoshop里的规范如图2-1-7所示。

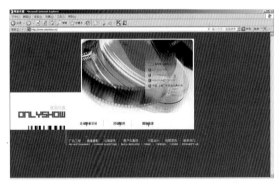

图2-1-4 实例网站

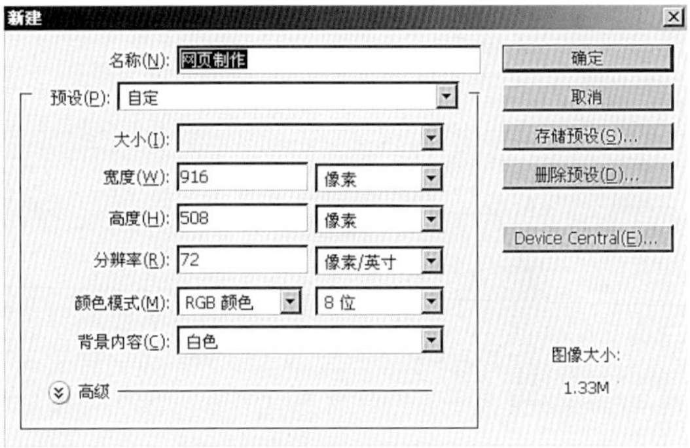

图2-1-5 制作网页尺寸

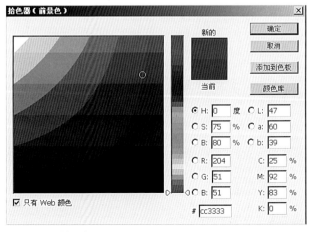

图2-1-6 网页安全色

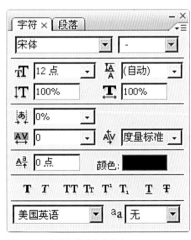

图2-1-7 网页中普通文字大小

利用标尺、辅助线等功能对画布进行板块划分制作，利用【图层】面板的新建图片夹功能，把页面中的标志、菜单、Flash动画等内容分文件夹进行制作。（图2-1-8）

（3）用切片工具切割网页图片

步骤1. 选择【工具】面板上的切片 ✂ 工具，对图片进行切割。技巧：切割前，就要想好在页面排版时所选用的图片是用做图像插入，还是背景插入，大面积色块应单独切成一块，以便在排版时，应用颜色填充。所有切片最好是横向切割，保持水平线上的整齐。（图2-1-9）

步骤2. 在PhotoShop菜单中选择【文件】→【存储为Web所用格式】命令，这里要注意一些参数的选择（网页中适合使用的图片格式有三种：JPEG格式、GIF格式和PNG格式），我们可以通过右侧的参数设置相应的对图片格式进行质量设定。（图2-1-10）

步骤3. 切片设置完成之后，单击右上侧的 ▭ 存储 ▭ 按钮进行设置。（图2-1-11）

步骤4. 选择【保存】后，会看到已生成的页面和图片文件夹。（图2-1-12）

步骤5. 从静态图片到页面生成完成后，接下来就要在Dreamweaver中建立站点。

3. 网站规划及站点建立

制作网页时，所有这个网站的内容都要放到一个总的文件夹里，此文件夹可以定义在电脑里任何硬盘中的任何位置。为了制作和修改方便，应该把各个制作的网站分别放在不同的文件夹中进行管理，并定义不同的站点名称。

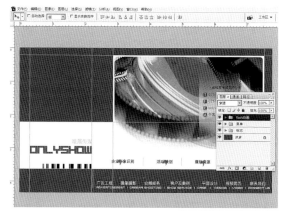

图2-1-8 设计图制作过程

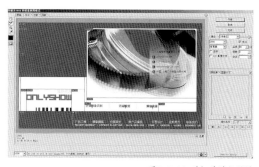

图2-1-10 对切片进行设置

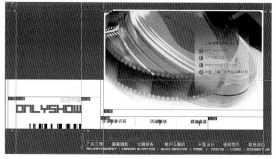

图2-1-9 使用切片工具切图

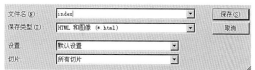

图2-1-11 切片的存储

图2-1-12 保存后生成的文件

图2-1-13 启动Dreamweaver画面

图2-1-14 在Dreamweaver里新建文件

（1）启动Dreamweaver

单击Windows工具栏的开始菜单 ***开始***，选择【程序】→【Dreamweaver】。初次开启Dreamweaver中文版，它会询问选择哪种工作区样式，建议选择"设计者"。确定之后，屏幕上会显示出Dreamweaver的起始画面，可以选择最近使用的旧文件，也可以新建文件，选择主菜单中【文件】→【新建】命令（文件类型根据自己的需要而定，如图2-1-13所示），或在启动画面中的新建选择文件类型即可。（图2-1-14）

（2）建立站点

步骤1．选择菜单上的【站点】→【新建站点】命令。（站点的名称可以随意取，只要便于记忆且与指定的文件夹位置对应就可以）以上节我们生成的网站为例，建立站点。（图2-1-15）

步骤2．单击 ***下一步(N)>*** 按钮。（图2-1-16）

步骤3．单击 ***下一步(N)>*** 按钮，选择站点定义的位置（图2-1-17），以刚才那个网站实例，可以把站点直接指定到刚才那个文件夹所在位置。

步骤4．再单击 ***下一步(N)>*** 按钮，因为只是本地制作还不存在远程上传文件，所以设置如图2-1-18所示。单击右侧的文件夹 **□** 按钮，在弹出界面中直接单击【选择】按钮即可。（图2-1-19）

步骤5．再单击 ***下一步(N)>*** 按钮。（图2-1-20）

步骤6．再单击 ***下一步(N)>*** 按钮（图2-1-21），接着单击 ***完成(D)*** 按钮，站点建立完毕。（图2-1-22）

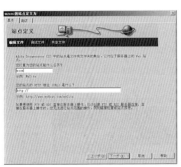

图2-1-15 建立站点步骤（一）

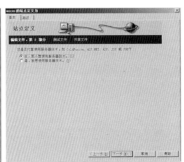

图2-1-16 建立站点步骤（二）

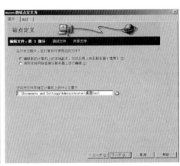

图2-1-17 建立站点步骤（三）

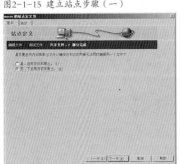

图2-1-18 建立站点步骤（四）

图2-1-19 建立站点步骤（五）

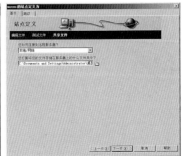

图2-1-20 建立站点步骤（六）

（3）编辑站点

　　一个网站文件的构成元素有很多，主要构成元素有index.html文件（首页文件）、images文件夹（图片文件夹）、页面文件夹、css.css（样式表文件）等。网站的基本构成如图2-1-23所示。（注1）

（4）扩充站点文件

　　上述所说的文件都是在根目录下存放的。（因为由Photoshop切片直接生成的网页文件只有一个，所以我们还要扩充站点内的其他文件）

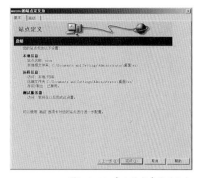

图2-1-21 建立站点步骤（七）

图2-1-22 建立站点完毕（八）

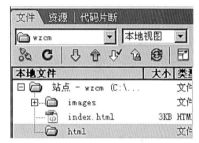

图2-1-24 在站点中建立文件夹

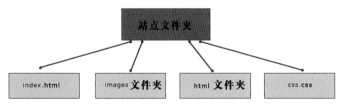

图2-1-23 网站基本结构图

图2-1-25 在站点中建立文件

步骤：

　　步骤1．单击站点文件夹——wzcm文件夹图标（建议使用英文字母和数字），右键选择【新建文件夹】."Ctrl+Alt+Shift+N"命令，命名为"html"。（图2-1-24）

　　步骤2．用同样的方法建立其他文件夹及文件。（图2-1-25）

　　步骤3．接下来开始重新排版页面。双击index.html文件，打开页面进行重新排版编辑（直接生成的页面被放在一个【<table>】标签中且这样生成的网页全部是图片），插入文字、图片及动画等其他页面元素。（图2-1-26）

　　如何排版制作将在以后的章节中详细讲解。

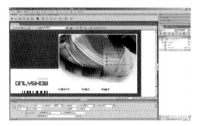

图2-1-26 在Dreamweaver中打开生成页面

注1：我们必须清楚一个网站是由许多页面和超级链接构成。我们看到网站的第一个页面称为首页文件，其余链接的页面叫做子页面。当然网站中还有大量的图片、动画以及控制整个网站的样式表文件。
①站点文件夹是指一个网站所有文件所归属的总文件夹。
②html文件夹是指所有子页面按照菜单的不同署名都放在该文件夹里。
③images文件夹是指网站中所有使用到的图片都在该文件夹里。
④index.html是指我们看到的首页面。
⑤css.css是指控制整个网站风格的样式表文件，所有的样式都写在样式表里。

4. 认识Dreamweaver操作

在以后的网站制作中会在Dreamweaver里使用到很多操作命令和操作界面。下面就一些重要工具、常用面板及一些快捷方式和命令进行如下介绍：

（1）标题栏

标题栏显示的是所编辑的HTML文件的标题，同时显示该文件的路径。（图2-1-27）

（2）菜单栏

Dreamweaver的菜单栏在窗口顶部，有【文件】、【编辑】、【查看】、【插入记录】、【修改】、【文本】、【命令】、【站点】、【窗口】及【帮助】10项命令。（图2-1-28）

（3）插入工具栏

插入工具栏，共有8个标签选项，依次是【插入】、【常用】、【布局】、【表单】、【数据】、【Spry】、【文本】和【收藏夹】。（图2-1-29）默认显示的是 **常用** 标签，以后每次打开Dreamweaver时，插入工具栏都显示上一次使用过的标签，快捷键为"Ctrl+F2"。

插入工具栏还有另外一种风格，只需在插入工具栏的任意位置，单击鼠标右键，选择【显示为菜单】（图2-1-30），即可显示另外的风格。同理单击【常用】标签，选择【显示为制表符】即可恢复。

（4）文档工具栏

文档工具栏在插入工具栏的下边。（图2-1-31）

① Dreamweaver中提供3种视图，即【代码视图】、【拆分视图】和【设计视图】。

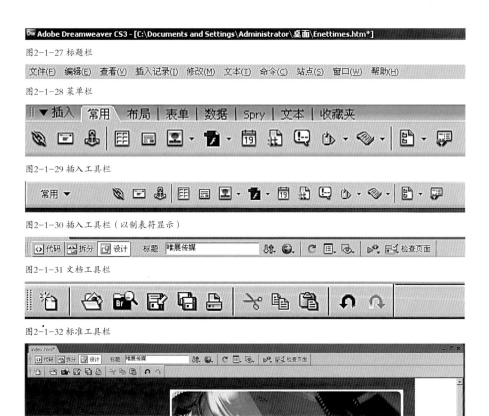

图2-1-27 标题栏

图2-1-28 菜单栏

图2-1-29 插入工具栏

图2-1-30 插入工具栏（以制表符显示）

图2-1-31 文档工具栏

图2-1-32 标准工具栏

图2-1-33 未保存文档

②【标题】是当前网页的标题，浏览器的标题栏将会显示网页的标题。

③ 在编辑完网页文件之后直接按键盘上的"F12"键，或单击预览 🌏 按钮，即可直接在浏览器中浏览网页。

（5）标准工具栏

标准工具栏的位置与文档工具栏相同，不过默认情况下它是隐藏的。要显示它，请在文档工具栏任意处单击鼠标右键，选择【标准】，依次是【新建】、【打开】、【在Bridge中预览】、【保存】、【全部保存】、【打印代码】、【剪切】、【复制】、【粘贴】、【撤销】及【重做】命令。（图2-1-32）

（6）文档窗口

主界面上中间显示当前网页设计内容的区域就是文档窗口，对网页所做的修改效果可以在文档窗口看到，文档窗口的最上方显示的是当前已经打开的网页名称，修改过的网页文档如没保存，则会在网页文档名称后边带有个一个小"*"号。（图2-1-33）

（7）快捷面板组

在Dreamweaver主界面的右侧有很多折叠面板。它采用的是快捷栏的表现形式，可以自由地打开、收缩、拆分、组合面板。面板组包括5个快捷面板：【CSS样式】、【标签检查器】、【应用程序】、【文件】和【框架】面板。每个面板下面又有很多分类功能和参数，将在以后的具体应用中逐一详细介绍。（图2-1-34）

（8）标签选择器

网页中有很多对象，每个对象的代码都有一对标签。在设计网页的时候，有时选择网页上的对象，特别是当对象很小不容易被选中的时候，我们可以通过标签选择器轻松实现。

例如想选择索博传媒首页上这个图片所在的那一整行的内容，只要先单击图片，再单击标签选择器的【<tr>】标签，（图2-1-35）就可以从标签选择器中轻松地选择网页上的表格<table>、表格的行<tr>、表格的单元格<td>、段落<p>等，在以后的运用中我们将经常使用它。

（9）属性面板

在Dreamweaver的主界面下方的面板是【属性】面板，也叫属性检查器。设计过程中对网页对象的修改，绝大多数都通过【属性】面板完成。【属性】面板之所以又叫属性检查器是因为在网页上选择了不同的对象后，它可以自动检查选中对象所有的属性设置情况，并在【属

图2-1-34 快捷面板组 

图2-1-35 标签选择器

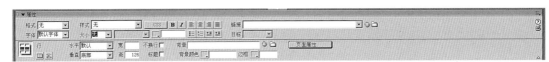

图2-1-36【属性】面板

性】面板上显示以供编辑，快捷键为"Ctrl+F3"。（图2-1-36）

（10）Dreamweaver的三种编辑模式

Dreamweaver以专业化的功能为不同层次的用户提供了方便快捷的网页设计模式，编辑模式主要有以下3种：

① 网页设计模式

如果是网页设计的初学者，那么可以选择网页设计这种编辑窗口作为主要的设计环境，Dreamweaver强大的可视化编辑功能使你不需要编写任何代码，同样可以设计出精美的网页。（图2-1-37）

② 拆分模式

如果已经开始学习，并且掌握了一定的代码设计方法，建议选择此模式。在熟练应用Dreamweaver的可视化编辑功能的基础上，再配合代码的使用，可以使你的网页设计进行得更快捷、更随心。（图2-1-38）

③ 代码方式

如果你是个程序高手，自然不用说，代码方式一定是最合适的选择。Dreamweaver内嵌的代码命令，可以使网页制作工作事半功倍。（图2-1-39）

5. 管理网页文件

（1）新建与保存网页

步骤：

步骤1. 选择菜单上的【文件】→【新建】命令，在弹出的"新建文档"对话框中，根据自己的需要选择文档类型。

步骤2. 单击标准工具栏中的保存 📰 按钮或选择菜单上的【文件】→【保存】命令，弹出"另存为"对话框后，在保存的列表框中选择一个文件夹，输入网页文件名，单击 保存(S) 按钮即可完成保存网页。（注1）

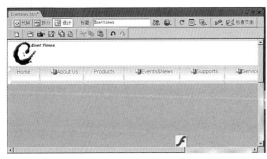

图2-1-37 网页设计模式

图2-1-38 代码与设计模式

注1：网页文件命名是有规则的。
①不要使用中文命名。
②不要使用空格符或特殊符号（英文、数字、底线和横线以外的字符）。
③统一大小写。

（2）打开与另存网页

打开在Dreamweaver里制作好的网页可通过菜单上的【文件】→【打开】命令，或者单击标准工具栏中的打开按钮。弹出【打开】对话框后，在查找列表框中选择网页文档的路径和文件，单击打开按钮，这样可打开现有的文档。

通过浏览器看到的网站也可存储到本地电脑，在Dreamweaver里打开编辑。

步骤：

步骤1．以网站http://www.enettimes.com/ 为例，在浏览器的菜单栏中选择【文件】→【另存为】命令，打开"保存网页"对话框，进行如下设置：（图2-1-40）

步骤2．单击【保存】按钮，即可在本地硬盘位置看到已下载的网页连同图片文件夹。如果要编辑文件，可以直接在页面上单击右键选择【打开方式】为Dreamweaver。（图2-1-41）

如果需要将网页保存成一个副本，以后备用，可在Dreamweaver菜单上选择【文件】→【另存为】命令，在弹出的"另存为"对话框中选择保存路径，在文件名输入保存的名称，单击 保存(S) 按钮即可。

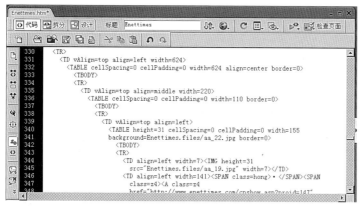

图2-1-39 代码模式

图2-1-40 保存网页

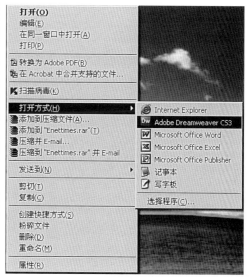

图2-1-41 打开网页

实训项目

实训名称 — 1．建立站点，设计一张设计类公司网站的首页PSD图，生成HTML文件

2．建立站点，设计一张软件类公司网站的首页PSD图，生成HTML文件

相关规范 — 1．设计类公司主要有广告公司、家装公司等一些主要从事设计的公司，他们这种类型的网站一定要有个性、有创意。根据自己的理解设计一个广告类公司的首页PSD图并生HTML文件

2．软件类公司的网站一定要突出他们的产品、服务和一些案例。根据自己的理解设计一个软件类公司的首页PSD图并生成HTML文件

实例参考 — 参考文件地址：..\02\2-1\Example\

小结

本节从学习设计与制作网站的基础入手，了解与之相关的内容。这些内容都是学习网页制作实战的基础准备，在随后的章节中将学到设计网页的更多技能。

习题

一、判断题

1．网页尺寸与电脑显示器的分辨率大小有关。（　）

2．用Photoshop不可以直接输出HTML文件。（　）

3．用Dreamweaver建立站点时，站点名称可以随意起名。（　）

4．网页文件可以通过另存的方式存储到本地硬盘上。（　）

二、填空题

1．当浏览用户使用分辨率为1024×768像素，网页宽度保持在＿＿＿＿＿像素以内屏幕就不会出现横向滚动条。

2．网站中首页的文件名一般命名为＿＿＿＿＿。

3．Dreamweaver中提供3种视图模式，即＿＿＿＿＿、＿＿＿＿＿、＿＿＿＿＿。

4．我们在编辑完网页文件之后直接按键盘上的＿＿＿＿＿，即可直接在浏览器中浏览你制作的网页。

Heart Beat Software 软件网站

McCann 麦肯广告网站

二、文字及超链接

训练目的 —— 在本节中通过学习文字的相关属性及超链接设置来掌握网页中最重要的元素应用和设计，从而达到在网页中使用文字及超链接的灵活性和随意性的结合

课程时间 —— 8课时

实训项目 —— 1．对现成网页进行超链接设置并完成网页间的链接
2．为网页添加锚点链接效果

参考资料 —— 太原奥西快印网站（http://www.tyoce.com/index.asp）和索博传播机构网站（http://www. show-box.hk/aboutusasp）。在素材光盘中可以找到源文件学习

　　网页最基本的目的就是传递信息。而对于信息最好的载体就是文字。广告条或图片可以以千姿百态的形式来表现，但绝对离不开文字。

1．文字

　　通常网页上的文字占据着页面主体的绝大部分。上网时看到的文字多种多样，字体、颜色、字号各不相同，感受也不一样。下面将介绍如何在Dreamweaver里创建文本字体，设置大小、颜色等属性，并介绍段落对齐方式、创建文字列表样式以及如何插入特殊符号（如版权符等）、细线、邮件链接、锚点链接等操作知识的应用。（图2-2-1、图2-2-2）

（1）文字的创建

　　文字是网页的主体形象之一，可以在Dreamweaver文档中直接输入文字，也可拷贝粘贴现有文本。（图2-2-3）

① 设置段落与换行

　　输入网页正文时，当长度超过编辑器显示宽度的时候，文本会自动换行。如果需要设置段落，在需要设置的文本处直接按"Enter"键即可（图2-2-4），Dreamweaver将在段落文本前后用<P>和</P>标签包围。（图2-2-5）

　　这样做会使不同的段落之间有一个空行，如不需要这样的大空行即可按"Shift+Enter"键来设置换行。（图2-2-6）Dreamweaver将在换行处插入标签
，或者在插入工具栏上选择【文本】标签，在字符按钮处选择换行 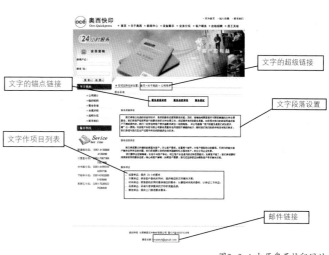 按钮即可。

图2-2-1 太原奥西快印网站

图2-2-2 索博传播机构网站

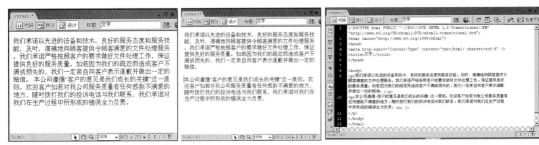

图2-2-3 文字创建　　　　　图2-2-4 按Enter键编辑文字　　　　　图2-2-5文字在代码窗口表示被<p></p>包围

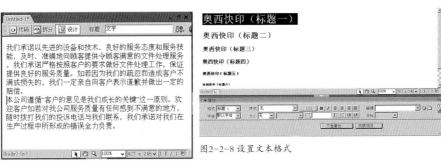

图2-2-6 制作文字换行

图2-2-8 设置文本格式

图2-2-7【属性】面板

② 文本属性面板

在输入文本的时候，对应【属性】面板中显示的文本相关属性设置如图2-2-7所示。

③ 设置格式

在文本【属性】面板中有6种不同大小的标题字设置，（<h1>~<h6>）标题字默认状态为粗体样式，（图2-2-8）显示的是应用了六种不同的段落标题的外观。

如果想把正文文字转换为标题字，把鼠标放在想要设置的文字的任意处，只需在【属性】面板中从【格式】下拉菜单中选择任意一种标题样式即可，选择后的文本都会发生改变。

结果文件：.. \02\2-2\2-2-1-1.html。

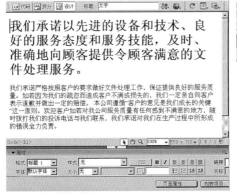

图2-2-9 文字应用标题

图2-2-10 文本其他样式

步骤：

步骤1．新建HTML文档，在编辑窗口输入文字，把鼠标点放在要设置为标题字的地方。

步骤2．在【属性】面板【格式】下拉框中选择要设置的标题格式。（图2-2-9）

若要取消设置的标题效果，可选中要修改的标题文字，在【格式】下拉菜单中选择"无"即可。

④ 其他文本样式

我们可以看到在文本【属性】面板中除粗体 **B** 和斜体 *I* 外，我们还可以从菜单中的【文本】→【样式】命令里选择其他文本样式。（图2-2-10）

⑤ 设置字体

通常电脑的操作系统里默认字体为"黑体"和"宋体"，虽然在编辑网页的时候，系统中安装了许多字体可以任意使用，（图2-2-11）如果浏览者的系统中没有网页所选用的字体，它就只能以默认字体显示。（注1）

⑥ 编辑字体列表

步骤：

步骤1．从【字体】下拉菜单中选择【编辑字体列表】选项。（图2-2-12）

单击 **+** 按钮，新增一个列表项目。

从【可用字体】列表中选择字体，然后单击 **《** 按钮将字体添加到列表中。

从【选择的字体】列表中显示供选择的字体，选择不要的字体可通过 **》** 按钮将字体移除。

图2-2-11 设置字体

样式名称	HTML标签	作　用
粗　体	\<b\>	加粗字体
斜　体	\<i\>	使文字倾斜
下划线	\<u\>	使文字下边带有下划线样式
删除线	\<strike\>	在文字中间加一条贯穿横线
打字型	\<tt\>	显示出固定字距的文本
强　调	\<em\>	使文字呈倾斜状
加　强	\<strong\>	使文字变粗体状
代　码	\<code\>	常用于表示计算机程序码，并以固定字距的字体呈现
变　量	\<var\>	常用于列举计算机程序码或者数学方程式，并且以斜体字呈现
范　例	\<samp\>	类似打字型
键　盘	\<kbd\>	显示使用者输入的文本，并以固定字距的字体呈现
引　用	\<cite\>	用来设置文章的引用文字
定　义	\<dfn\>	用于标示定义文本

注1：在大多数情况下，不需要选用字体，只要使用"默认字体"选项就可以了。一般在网络中浏览的某些标题文字，需要特殊字体表现的，通常都把它做成图像或用动画来表示。

图2-2-12 编辑字体

在【字体列表】中显示要添加的字体。

单击 ▲▼ 按钮调整列表中的字体的顺序。

单击 ━ 按钮，删除字体列表中选中的字体。

步骤2. 设置完毕后单击【确定】按钮即可。

⑦ 调整文本外观及字号

通过下列操作实现文本的外观设置：

结果文件：..\02\2-2\2-2-1-1a.html。

图2-2-13 设置文本字号

步骤：

步骤1. 新建HTML文档并输入文字，把文本插入点移到设置的文字上。

步骤2. 接着从【属性】面板中选择【大小】下拉菜单并选择文本大小，或自行输入一个数值即可。（注1）（图2-2-13）

Dreamweaver自动将新增的样式命名StyleN（其中的N代表从1开始的数字编号，例如：Style1），如果要为同一个网页里的文本应用相同的设置，只需在【属性】面板中选择此样式名称即可。

此文本的样式就包含了"14像素"和"某个颜色"的属性集合。而且可以从【样式】菜单中一眼就看到了这个样式的外观。（图2-2-14、图2-2-15）

假如想把这个样式应用到同一个网页中的其他文本中，操作过程如下：

步骤：

步骤1. 在文档中，把文本插入点移入要设置的文本处。

步骤2. 在【属性】面板【大小】下拉框中选择已有字样式Style1，即可看到应用样式后的文本。（图2-2-16）

⑧ 对齐方式

网页中的对齐方式有四种：▤ "设置文本左对齐"、▤ "设置文本居中对齐"、▤ "设

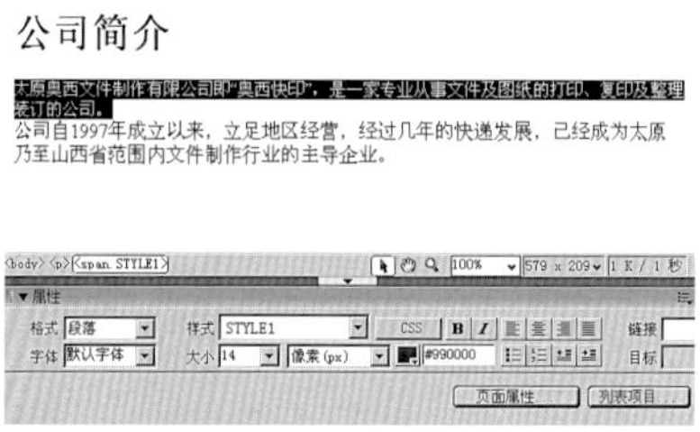

图2-2-14 设置文本样式　　图2-2-15 文本应用样式

图2-2-16 文本套用样式

注1：设置字体大小后，Dreaweaver会自动把这个设置保存成一个"样式（Style）"除了字体大小之外，文本的样式还可以包含字体、颜色、粗体等属性。

图2-2-17 插入特殊字符的方法

置文本右对齐"和 ■| "设置文本两端对齐"。在设置文本对齐方式时，可在文本【属性】面板中任选一种对齐方式，或选择菜单上的【文本】→【对齐】来修改。

（2）插入字符

制作网页时，往往会插入一些字符来对网页进行修饰，有时也会插入一些特殊字符如版权符号等，插入字符的方法通常有三种：

结果文件：.. \02\2-2\2-2-1b.html。

① 使用菜单中的【插入记录】命令

在菜单上选择【插入记录】→【HTML】→【特殊字符】→【版权】命令。（图2-2-17）

② 使用插入面板插入字符

选择插入工具栏中的【文本】标签并选择换行 ^明▼ 按钮下拉菜单项目，选择版权 © 按钮即可。

③ 使用键盘插入其他字符

如果要插入形如◆■☆◎等字符，就需要输入法的帮助。右键单击输入法的软键盘图标，在弹出的菜单中选择特殊字符。（图2-2-18）

在打开的软键盘中选择特殊字符插入页面（图2-2-19），用同样的方法也可以插入其他字符。

（3）插入水平线

水平线经常可以在网页中看到，通常用它来分割网页中的不同内容，使得段落整齐、格局分明。也有很多设计师是通过选用1像素的图像或者表格样式来完成这个效果。

这里介绍的是通过使用菜单，插入水平线。

结果文件：.. \02\2-2\2-2-1-3.html

步骤：

步骤1．新建HTML文档，选择菜单上的【插入记录】→【HTML】→【水平线】命令。（图2-2-20）

步骤2．选择水平线，在【属性】面板中可以设置水平线的宽、高、阴影及对齐方式。（图2-2-21）

步骤3．在浏览器中经常会看到水平线呈现出不同的颜色，那接下来给它增添颜色。

步骤4．选择水平线，单击右键，选择【编辑标签】命令，弹出"标签编辑器"对话框。（图2-2-22）

步骤5．单击左边窗口的【浏览器特定的】选项，单击 颜色：■|FF0000 按钮，选择要设置的颜色即可。（图2-2-23）

步骤6．最后按"F12"键，预览效果。（图2-2-24）

（4）创建文字列表

项目符号的功能是将文章的内容有序地进行条列式，让浏览者在浏览网页内容时能一目了然。（图2-2-25）

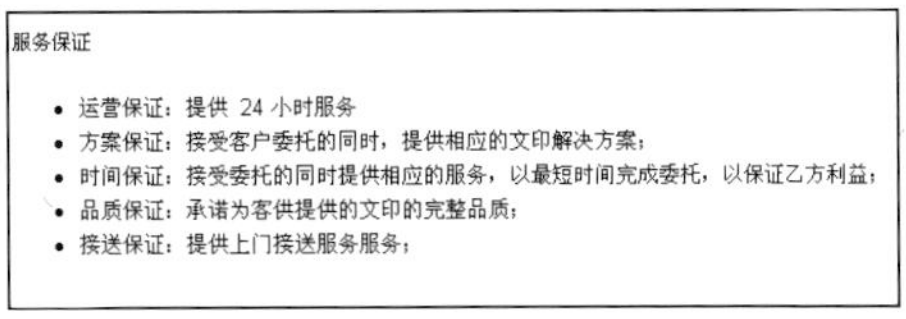

制作方法很简单，只要将鼠标放置在想要插入列表符号的

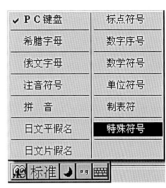

图2-2-18 切换键盘

图2-2-19 特殊符号软键盘

图2-2-20 插入水平线

图2-2-21 水平线属性

图2-2-22 标签编辑器

图2-2-23 编辑彩属性

图2-2-24 水平线编辑之后效果

图2-2-25 列表文字

字段前，再单击项目列表 ☰ 按钮和编号列表 ☷ 按钮即可完成设置。

结果文件：.. \02\2-2\2-2-1c.html。

步骤：

步骤1．新建HTML文档，在编辑窗口中输入文字，不同的项目内容分写在不同的段落中。（也就是在每行的结尾处按"Enter"键）（图2-2-26）

步骤2．选中文字，单击【属性】面板的项目列表 ☰ 按钮（图2-2-27），如后续添加内容仍想保持列表效果，直接按"Enter"键即可。

步骤3．可选择其中几段文本，再单击文本缩进 ☲ 按钮。（图2-2-28）

步骤4．若想更改项目列表的外观样式即把光标放在欲更改的列表文本前，单击【属性】面板上的 列表项目.... 按钮，你可选择【列表类型】及【样式】。（图2-2-29）

步骤5．单击【确定】按钮，文本插入点所在列表外观即可改变。（图2-2-30）

步骤6．若将列表文本还原成段落文本，先选取列表文本，再单击一次项目列表 ☰ 按钮即可还原。

（5）创建文字超级链接

通常在浏览网页时可以看到当光标放在某些文字上时光标会改变状态变成小手状，文字也会改变颜色，并在单击后到达网页设置的目标位置。这就是文字所设置的超级链接。这样的效果在任何一个网站几乎都可以见到。

因为单击文字会打开链接页面，所以必须要准备好欲作链接文字页面和它要打开的页面。以光盘素材为例，制作好的链接文字页面为：\02\2-2\link.html。

步骤：

步骤1．开启光盘素材文件：.. \02\2-2\link.html。（图2-2-31）

步骤2．选中文字并在【属性】面板中进行超链接设置，在【链接】文本域中直接输入"2-2-1-1.html"。（注1）（图2-2-32）

图2-2-26 编辑窗口中输入文字

图2-2-27 项目列表属性

图2-2-28 文本缩进属性

图2-2-29 列表类型及样式

注1：为文字做链接，有四种方法可以实现。

① 用鼠标选中文字，直接在【链接】文本域中输入要链接到的目标网页地址。

② 用鼠标选中文字，单击【属性】面板上的【链接】文本域后面的浏览文件 🗀 按钮，会弹出"选择文件"对话框（图2-2-33），选择路径及文件即可。

③ 用鼠标拖动【链接】文本域后面的指向文件 ⊕ 按钮，拖至【文件】面板中要链接的网页图标上（图2-2-34），松开鼠标，该地址即在【链接】文本框中显示出来。

④ 用鼠标选中文字，按住"Shift"键，用鼠标拖动链接文字到【文件】面板中要链接的网页图标上。（图2-2-35）

步骤3．在【链接】文本框下面还有一个【目标】下拉列表，可以从中选择链接网页显示的窗口方式，共有四种方式可供选择。（图2-2-36）

_blank：在一个新的浏览器窗口打开目标文件，原来的网页窗口仍然存在。

_parent：将链接的文档加载到该链接所在框架的父框架窗口。如果包含链接的框架不是嵌套框架，则所链接的文档加载到整个浏览器窗口。

_self：将链接的文档载入链接所在的同一框架或窗口。此目标是默认的，所以通常不需要指定它。

_top：将链接的文档载入整个浏览器窗口，从而删除所有框架。

步骤4．设置完毕，即可在浏览器中单击我们设置的链接网页。

（6）查找和替换文字

与其他文本编辑软件一样，Dreamweaver也有文字的查找和替换功能。运用此功能可以方便地将网页中相同的文本替换为另外一个文本，特别是针对于一个站点的所有文档中某一个出现频率过高的、待修改的文本而言，使用查找替换功能便可以很快解决。

步骤：

步骤1．开启光盘素材文件：.. \02\2-2\2-2-1-6.html，选择菜单【编辑】→【查找和替换】命令，打开"查找和替换"对话框。（图2-2-37）

步骤2．【查找范围】为所选择的范围，【搜索】代表替换的种类可以有哪些选择（最常选择的是【源代码】选项），【查找】和【替换】代表要查找和要修改的内容及替换成什么内容。一切都设置好之后，可以单击 替换全部(A) 按钮。

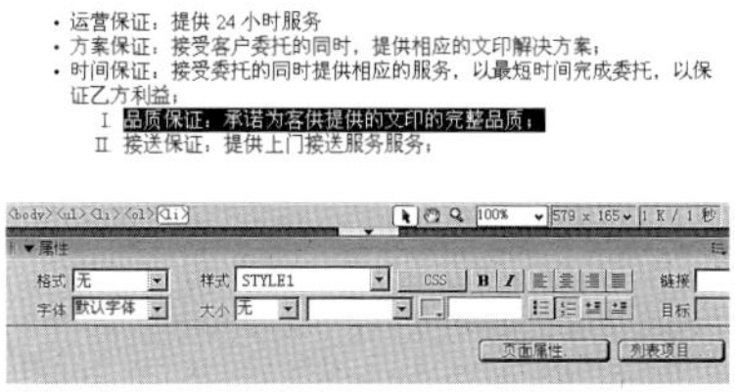

图2-2-30 文本插入点

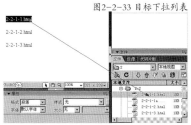

图2-2-33 目标下拉列表

图2-2-31 创建文字超链接

图2-2-32超链接设置

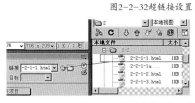

图2-2-34 拖动文件链接网页

图2-2-36 链接网页显示的窗口

图2-2-35 拖动链接文字到文件面板

图2-2-37 查找和替换对话框

步骤3. 效果如图2-2-38所示。（注1）

（7）设置网页属性

网页的属性包含很多内容，在制作网页之前，通常要对页面属性进行设置。例如：标题、背景色（或背景图片）和文字编码等。

选择菜单上的【修改】→【页面属性】命令，或在网页内容编辑区的任意空白处，单击鼠标右键，在快捷菜单中选择【页面属性】命令都会出现"页面属性"对话框。（图2-3-39）

①【外观】中的重要属性介绍

【背景颜色】：可以任意选择你需要的网页背景颜色，一旦选择之后，整个网页背景色都将应用这个色彩。如果指定了背景图像，则会遮盖已选的背景颜色。

【背景图像】：如果想用图像来衬托网页的整体效果，可以选择【背景图像】旁的 ▭浏览(B)... 按钮，在站点文件夹内选定要使用的图像。（图片格式可以为：GIF、JPEG、PNG任意一种）

【边距】：在默认情况下，输出的网页和浏览器都有个距离，通常修改【左边距】、【右边距】、【上边距】或【下边距】的数值参数，把数值定为0，会使页面和浏览器的边距紧紧贴齐。

②【链接】中的重要属性介绍

【文本颜色及链接】：在不设置的情况下，网页默认颜色为黑色，而"文本及链接色彩"功能，通常在CSS中进行设置，详见第二章的"CSS样式表"文件。

③【标题/编码】属性介绍

【标题/编码】：网页标题是指在浏览网站时出现在标题栏目里，便于浏览用户将网页存入IE收藏夹。在制作时，最好把标题的命名与网页主题靠近，这样便于浏览者在浏览网页时能一眼明了网站的主要内容。

在默认情况下，网页的文字都为简体中文，所以通常要选择【编码】为简体中文（GB2312）。

（8）创建文档技巧

①去除页面的空白

在网页中进行删除、复制、移动对象等编辑操作时，经常会在页面中产生一些空白区域或空行，这些空白区域有的可以用"Del"键删除，有的却删除不掉，所以在此介绍一下去除页面空白的方法和技巧，仅供借鉴和参考。

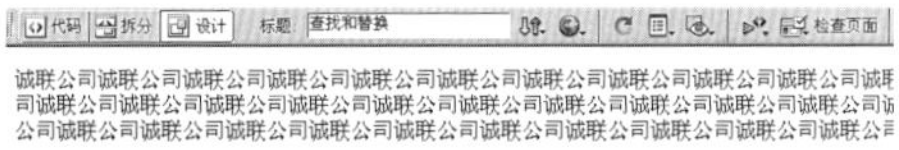

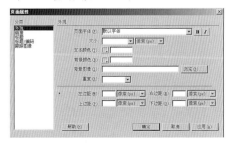

图2-2-38 查找和替换后的结果

图2-2-39 页面属性对话框

注1：如果要替换的文字只是一部分，其余的都不需要修改，则在图2-2-33中单击 查找下一个(F) 按钮，然后单击 替换(R) 按钮，这样当遇到不需要修改的文字时，就继续单击 查找下一个(F) 按钮，直到替换完毕为止。

手动删除

出现页面空白最主要的原因是网页中有成对的多余空标记，它们不标记任何内容，是在编辑网页内容的过程中生成的。这些空标记可以手动删除，切换到代码视图，在代码视图中选择成对的空标记，按 "Del" 键即可删除空标记，去除网页空白。

自动清理

采用自动清理的方法是选择【命令】→【清理Word生成的HTML】命令，打开对话框。（图2-2-40）

进行相应的设置后，单击【确定】按钮，系统会自动清理网页代码中多余的空标记，以达到去除网页空白的目的。

②文字空格的方法

在网页中一般不能直接通过按空格键输入连续空格，可通过将输入法切换到中文输入法，将 "全角/半角" 方式改变成全角方式，这时按 "空格" 键就可以输入连续的空格了，切换到代码窗口即可看到完整的空格，（图2-2-41）或者使用键盘上的 "Ctrl+Shift+空格" 就可以实现连续空格。

2. 超链接

所谓超级链接是指页面与页面之间存在着一个单向的关联关系。即可以通过页面的文字、图片或其他元素进行超链接设置，也可以从这个页面跳转到想到达的任意位置。超链接可分为多种形式，下面以文字为例——讲解。

（1）网页内链接

一个网站由若干个页面组合而成，通过超链接将其组合在一起。一个网站内的页面之间的链接叫做网页内链接。为文本插入超级链接制作方法如下：

步骤：

步骤1. 新建HTML文档并输入文字。

步骤2. 单击【属性】面板【链接】选项后的浏览文件 📁 按钮，选择超链接的目的网页。

步骤3. 单击【确定】后，可以在【属性】面板的【链接】的文本域中出现目的网页的路径和文件名。（注1）

图2-2-40 清理Word生成的HTML对话框

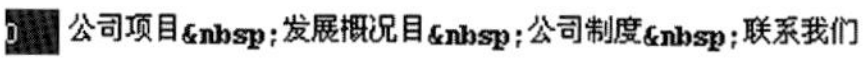

公司项目 发展概况目 公司制度 联系我们

图2-2-41 " " 表示完整的空格

注1：在链接的时候必须清楚绝对路径与相对路径的区别。

我们在浏览网站的时候，通常会在地址栏 地址(D) http://www.jxsoft.net/pin/pin.htm 中输入完整的网址路径。这样的连接方式称为绝对路径。这个绝对路径表示，文件在上传到http://www.jxsoft.net地址前，如果要将index.html文件链接到pin文件夹里的pin.htm文件，绝对路径就显示为：http://www.jxsoft.net/pin/pin.htm。

若要连接本地站点内的文件，通常采用的是相对路径的连接方式。若单纯从index.html页面角度看，从index.html连接到pin.html的相对路径就是直接在编辑窗口的【属性】面板里【链接】字段处直接输入 "pin/pin.html" 即可。（图2-2-42）相反，如果是pin文件夹里的pin.htm文件，要链接到根目录的index.html，相对路径写法就是../index.html。

"../" 代表 "上一层" 目录的意思。建立链接的时候，尽可能地使用相对路径。

（2） 网页外链接

在浏览网站的时候经常看到，浏览者可以通过超链接的指向打开另外一个网站，这种链接叫做网页外链接。

步骤：

步骤1. 新建HTML文档并输入文字。

步骤2. 可以直接在【属性】面板【链接】的文本域中输入想跳转网页的绝对地址，如：http://www.sina.com.cn。（图2-2-43）

（3） E-mail链接

制作网站的客户都希望浏览者可以与他们交流，所以几乎每一个网站都会在相应的位置留下站长的邮件链接。有的则在浏览招聘网页的时候，在招聘信息的后面附上招聘单位的邮件地址，只需要轻轻一点，就可以启动邮件程序来撰写求职信息了。可以说网页中的邮件链接功能还是很诱人的。

在"太原奥西快印网站"案例中单击页角的"mailwyh@gmail.com"时，会自动开启电脑上的"Outlook Express6"程序让浏览者发送邮件给站长。（图2-2-44）下面我们就学习如何在页面中创建E-mail链接。

结果文件：.. \02\2-2\2-2-2-3.html。

步骤：

步骤1. 新建HTML文档，将鼠标放在网页中需要插入E-mail 链接的位置。

步骤2. 在菜单上选择【插入记录】→【电子邮件链接】命令，在弹出的"电子邮件"对话框中有【文本】和【E-mail】两个选项，在【文本】文本框中输入链接的文字。（中文、英文均可，如图2-2-45所示）

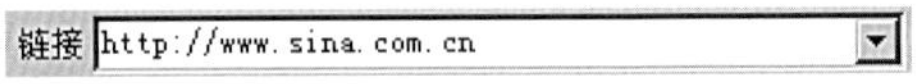

链接 http://www.sina.com.cn

图2-2-43 输入链接绝对地址

图2-2-44 开启Outlook Express6

（4）锚点链接

网页不仅可以打开别的页面，还可以实现一个网页不同位置的跳转。这种链接效果往往应用于多屏幕网页，浏览器将直接滚动到要到达的位置，用来方便浏览者直接快速地看到想去的位置，使得浏览多屏幕的页面变得很轻松。

① 创建锚点

结果文件：.. \02\2-2\2-2-2-4.html。

步骤：

步骤1. 开启光盘素材文件：.. \02\2-2\mao.html，将光标放在需要插入"命名锚记"的位置。（网页实现跳转的位置，如图2-2-46所示）。

步骤2. 选择菜单上的【插入记录】→【命名锚记】命令，弹出"命名锚记"对话框，可以任意输入名称（建议使用英文）为锚点名称。（注1）（图2-2-47）

步骤3. 单击【确定】按钮后，锚记标记就插入到了光标所在的位置上。（图2-2-48）

图2-2-45 建立电子邮件链接

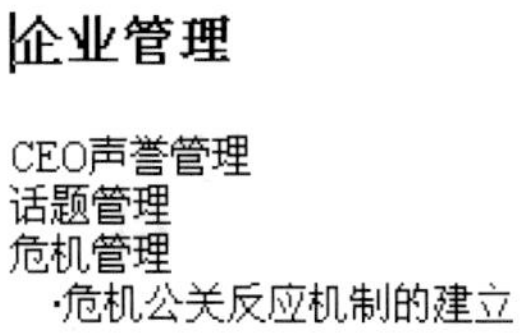

企业管理

CEO声誉管理
话题管理
危机管理
·危机公关反应机制的建立

图2-2-46 打开素材

图2-2-47 命名锚记

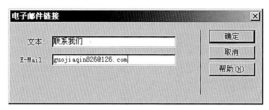

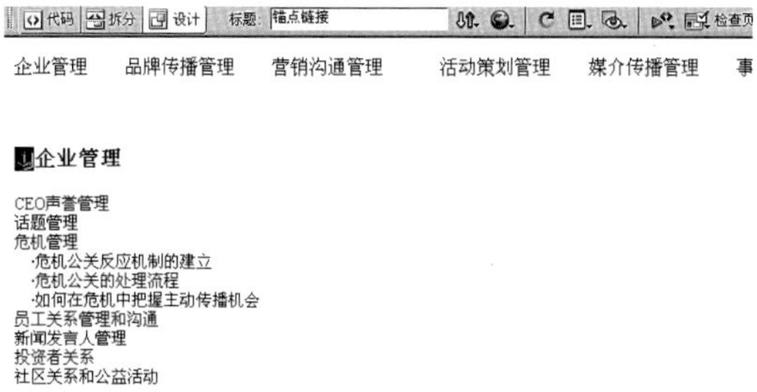

图2-2-48锚记标记位置上

注1：锚记名不能含有空格，而且不应置于层内。

②锚点链接

步骤：

步骤1．仍然在当前文档中，在顶部的大纲目录中选中链接文本"企业管理"。

步骤2．在【属性】面板的【链接】文本域中输入"#"＋"锚点名称"。（图2-2-49）

步骤3．用同样的方法制作其他对应的锚点链接。（图2-2-50）

步骤4．保存后按"F12"键预览，当在浏览器中单击"活动策划管理"文本时，页面就会迅速跳转到"命名锚记"的位置，也就是"活动策划管理"具体内容的位置。

图2-2-49 输入"#＋锚点名称"

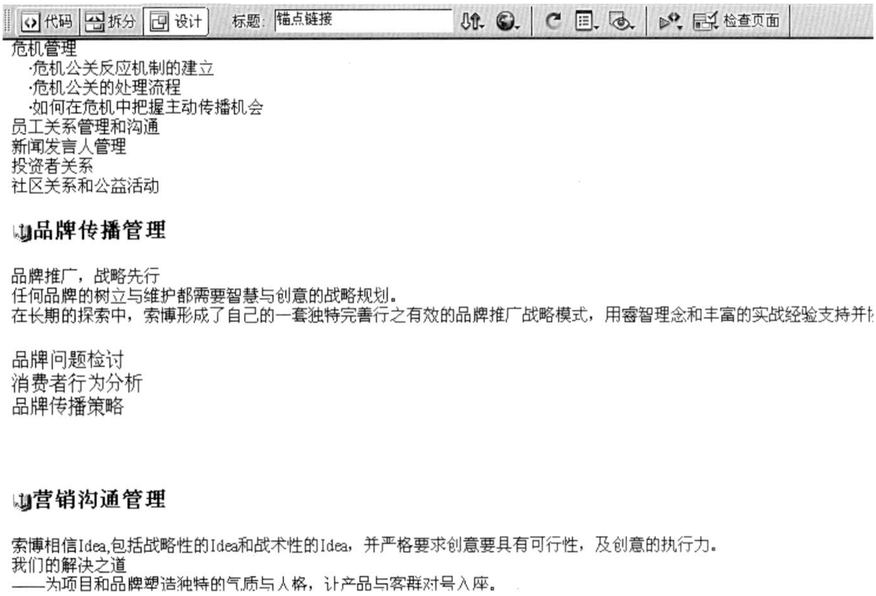

图2-2-50 用同样的方法制作其他的锚点

实训项目

实训名称 ― 1．为现成网页进行超链接设置并完成网页间链接

2．为网页添加锚点链接效果

相关规范 ― 1．自己设计制作一个完整的公司网站，要求有首页，有子页，并把它们互相链接起来。链接的时候要使用相对路径，并要有一处使用E-mail链接，页数要在四页以上

2．锚点链接是在同一个页面操作的，所以只有在页面比较长时才能用。制作一个三、四屏的文字页面，在页面中运用锚点链接

实例参考 ― 参考文件地址：..\02\2-2\Example\ 。

小结

通过本节学习，主要掌握网页中常用的文字创建、使用、编辑等功能以及文档的创建及存储的方法，掌握文本超链接的创建和管理以及多种超链接种类的制作。

在Dreamweaver中，同样具有查找文本或HTML标记的功能。

超链接是网页功能的重要属性之一，超链接的方式主要有相对链接和绝对链接两种。

习题

一、判断题

1．在网页中进行"查找和替换"操作时，只能查找和替换文本内容。（　）

2．设置字体时，如果没有所需要的中文字体，可以使用"编辑字体列表"进行添加。同样，对于添加的字体只能是中文字体。（　）

3．如果浏览者没有安装网页上所设置的字体，则会以默认的字体取代掉原来的文字字体。（　）

4．单击网页中的链接可以跳转到本站以外的页面。（　）

二、填空题

1．通过_____操作可以使各个网页之间连接起来，使网站中众多的页面构成整体，访问者可以在各个页面之间进行跳转。

2．在网页中输入连续的空格，一般可通过按组合键_____＋_____＋空格来进行输入。

3．一个有很多内容的网页，如果要实现向网页中的指定位置进行跳转，需要进行_____。

4．通过_____链接可以使用户单击该链接直接打开Outlook软件发邮件。

佳讯信息网站

洪恩在线网站

三、网页里的图片

训练目的 — 通过学习网页里图片的相关属性、设置方式及应用效果等知识，能够灵活掌握图片的设置和应用

课程时间 — 8课时

实训项目 — 1. 给现有网页应用背景图片

2. 用指定的图片替换原有的项目列表符号

参考资料 — 环亚瑞智网站（http://www. asiabridgehr.com/aboutus.asp），在素材光盘中可以找到源文件学习

图像是网页制作中不可或缺的组成部分，在页面中恰当地使用图像，可以使页面多姿多彩，从而吸引更多的浏览者。

1. 网页图片格式

目前在网页中最常用的图像格式有两种，分别是GIF格式与JPEG格式，它们在文件压缩与使用方面都有着不错的表现。此外，在Dreamweaver中可插入的图像也包含PNG格式，而只有IE4.0及其以后版本和Netscape Navigator 4.0 及其以后的版本才支持PNG格式。

（1）JPEG格式

JPEG格式是由Joint Photographic Experts Group（联合图片专家组）专门为照片或高彩图像开发的一种格式。JPEG格式是全彩图像（24位），支持百万以上的颜色，而GIF格式仅支持256色，JPEG格式通常用来保存高质量照片数据。

JPEG格式是一种有损压缩格式，它使用高深的数字技术来产生图像压缩的模式，可以提供文件存储很小却色彩丰富的照片效果。也就是说，在图像被压缩过程中将会有一些数据丢失，从而最终降低文件的质量。不过，通常这种数据丢失并不会对图像质量造成很大的影响。所以即便是有损压缩，在存储图像时还是会将照片、海报、产品宣传照以及风景画等图片压缩成JPEG文件格式。（注1）（图2-3-1）

图2-3-1 网页中的JPEG图片

（2）GIF格式

GIF格式（Graphics Interchange Format）是用于压缩具有单调颜色和清晰细节的图像（如线状图、徽标或带文字的插图）的标准格式。

GIF格式文件的数据，是一种基于LZW算法的连续色调的无损压缩格式，其压缩率一般在50％左右。它不属于任何应用程序，目前几乎所有相关软件都支持它，公共领域有大量的软件在使用GIF格式图像文件。GIF格式最多支持256种颜色，也可以使用更少的颜色，甚至只有黑白两色。使用较少颜色的图像或多个邻近的像素都有相同的颜色时，利用LZW压缩将更有效果，所以在存储简单图案化图片时，GIF格式的效果很好。GIF格式的另一个特点是在一个GIF格式文件中可以存多幅彩色图像，如果把存于一个文件中的多幅图像数据逐幅读出并显示到屏幕上，就可构成一种最简单的动画，也就引

注1：JPG和JPEG是同一种类型的文件，只是后缀不同而已。

出了GIF格式的另外一个特性——GIF动画。

GIF格式分为静态GIF和动画GIF两种，都支持透明背景图像，适用于多种操作系统，"体型"很小，网上很多小动画都是GIF格式。其实动画GIF是将多幅图像保存为一个图像文件，从而形成动画，所以归根到底动画GIF仍然是图片文件格式。

（3）PNG格式

PNG是Portable Network Graphics的缩写，即可携式网络图像。它是由Consortium of Graphic Software开发者作为GIF图像格式的替换格式开发的。

PNG是目前保证失真最小的格式，它汲取了GIF格式和JPG格式二者的优点，存储形式丰富，兼有GIF格式和JPG格式的色彩模式；它的另一个特点是能把图像文件压缩到极限以利于网络传输，但又能保留所有与图像品质有关的信息，因为PNG是采用无损压缩方式来减少文件的大小，这一点与牺牲图像品质以换取高压缩率的JPG格式有所不同；PNG格式的第三个特点是显示速度很快，只需下载1/64的图像信息就可以显示出低分辨率的预览图像。PNG格式同样支持透明图像的制作，透明图像在制作网页图像的时候很有用，我们可以把图像背景设为透明，用网页本身的颜色信息来代替设为透明的部分，这样可让图像和网页背景很和谐地融合在一起。

PNG格式的缺点是不支持动画应用效果，如果在这方面能有所加强，简直就可以完全替代GIF格式和JPEG格式了，Adobe公司的Fireworks软件的默认格式就是PNG格式。现在，越来越多的软件开始支持这一格式，而且在网络上也越来越流行。

2. 图片美化网页

浏览网页的时候，如果只有文字我们一定会觉得枯燥，因此在制作网页的时候一定要从视觉的角度出发，注重图片在网页中的作用。页面中添加图片，可以更加吸引浏览者，丰富阐述我们要表达的内容。

本节以环亚瑞智网站（http://www.asiabridgehr.com/aboutus.asp）为例，讲解如何在Dreamweaver中编排基本的图像，以及如何创建翻滚图像、动态导航菜单等生动活泼的图像效果。Dreamweaver与Fireworks的联合操作更是珠联璧合，大大提高了网页设计流程的效率。接下来我们就开始系统地学习。（图2-3-2）

（1）插入页面图像

将图片插入的方法有以下三种：

将插入点放到想要插入图像的位置，选择【插入记录】→【图像】命令。

将插入点放到想要插入图像的位置，在插入工具栏中选择【常用】标签，然后单击图像 ▣ 按钮。

采用拖拽的方法，即从桌面上把图像选中，将其拖到文档窗口要插入的位置。

先将插入点放到想要插入图片的位置，从右侧的文件面板里选中需要的图

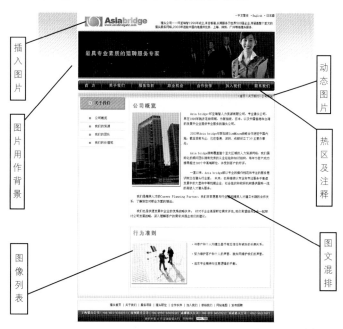

图2-3-2环亚瑞智网站

像，并将图像往文档中拖拽。（注1）（图2-3-3至图2-3-5）

　　图像被插入文档后，选中插入的图像就可以在【属性】面板中设置它的属性。（图2-3-6）

　　图像的属性在网页的编辑中占有重要地位，在【属性】面板中可以查看图像的所有属性，并可以对其修改。

　　在这里可以修改图像的宽度、高度，添加链接的地址和替代的文字等，这些将在后边的内容详细讲解。

（2）用图像作背景

　　在默认情况下，Dreamweaver所建立的网页都为白色背景，如果想修改页面的背景颜色，可以通过设置【页面属性】来修改网页背景，但那只是单色填充。在浏览网站时经常会看到网页的背景是漂亮的图案，那是如何做出来的呢？下面通过指定一幅图像作为页面背景，来介绍网页背景的制作方法。

　　结果文件：.. \02\2-3\2-3-2-2.html 。

　　步骤：

　　步骤1．选择菜单上的【修改】→【页面属性】命令，弹出"页面属性"对话框。

　　步骤2．在【分类】里选择【外观】后，在【背景图像】文本域中单击【浏览】按钮，弹出"选择图像源文件"对话框后，选择光盘文件".. \02\2-3\images\mainBG2.gif"图像文件，

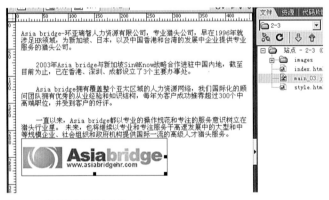

图2-3-3 将图像拖拽到文件窗口中

图2-3-4 提醒图像的路径

图2-3-5 提醒图像要放到站点文件夹中

注1：无论使用哪种方式，插入图像前一定要将文档保存，并确保保存的文档文件和插入的图像最好是在同一个站点文件夹里，这样可以确保上传的网页文件不会丢失图像及任何文档信息，且方便Dreamweaver以"相对路径"方式设置文件的路径。假如没有保存网页，在插入图像之后，Dreamweaver将显示图2-3-4所示的对话框，提醒你该图像将先设置成本地绝对路径。

　　若选用的图像没有事先存储在站点文件夹内，画面将出现图2-3-5所示的对话框，询问是否将该图像复制到站点文件夹里。

单击【确定】按钮。（注1）（图2-3-7）

（3）图文混排

首页里面的图像和文字相同，同样能进行对齐方式的设置，而且还可以与文字混合排列，呈现不同的排列方式。

① 设置图像的对齐方式

图像的应用着实能改善页面的外观，但仅仅插入图像是远远不够的，还需要合理设置图像的对齐方式，恰当安排图像在页面中的位置。

下面是设置图像对齐方式的方法：

步骤：

步骤1. 选中要插入到页面中的图像。

步骤2. 单击图像【属性】面板上的对齐 ▤▤▤ 按钮。（注2）

② 图文混排

在默认情况下，插入页面中的图像底端和文本基线对齐，显得很不谐调，所以在图文混排的时候尤其要注意图像和文本的位置关系，否则页面就会显得杂乱不堪，我们可以通过图像的【属性】面板设置图像与文字的关系。

步骤：

步骤1. 开启光盘素材文件：..\02\2-3\2-3-2-3.html页面，然后在文章的起始位置插入图像："..\02\2-3\ images\pic_com_intro.jpg"。（图2-3-8）

步骤2. 从【属性】面板上的【对齐方式】选项中选择左对齐，图片旁边的文字就排列到了图像的右边。（图2-3-9）

图2-3-6 设置图像属性

图2-3-7 用图像做背景

图2-3-8 在文字中插入图像

图2-3-9 设置图像对齐方式

注1：在默认情况下，图像会以拼合的方式充满网页背景，所以即使指定的图像尺寸很小，也会充满整个页面。对于大尺寸的图像，同样以拼合的方式处理，不过因为图像过大，所以只能看到单个图像。图像以背景的方式插入页面，不仅可以应用在页面背景，还可以应用在表格背景等其他元素上。

注2：选定图像后，选择菜单上的【文本】→【对齐】命令，在弹出的菜单上选择【左对齐】、【居中对齐】、【右对齐】命令即可实现图像的对齐。

步骤3．此时图片与文字的距离过近，可以在【属性】面板中通过设置【垂直边距】与【水平边距】的数值来控制距离的大小。（注1）

（4） 使用外部图像编辑器

网页中的图像在编辑完以后，就要对其进行优化，使图像质量和下载速度都达到最佳平衡。可以使用外部编辑器来编辑Dreamweaver文档窗口中的图像，当在图像编辑器中编辑图像后保存并返回Dreamweaver时，文档窗口中的图像也会随着更新。

① 设置外部编辑器参数

在Dreamweaver参数对话框中，可以为不同类型的图像设置对应的外部编辑器。若指定使用Fireworks为外部图像编辑器，首先要确保在Dreamweaver中将Fireworks设置为GIF格式、JPEG格式和PNG格式文件的主编辑器。

Fireworks从问世以来已经出了好多版本，虽然可以将旧版本的Fireworks用作外部图像编辑器，但是有些版本仅提供有限的启动并编辑功能。所以应该先保证我们的电脑中要安装好最新的Fireworks软件，以便最大程度地支持图像编辑。

步骤：

步骤1．在Dreamweaver中，在菜单上选择【编辑】→【使用外部编辑器编辑】命令，在弹出的"首选参数"对话框中进行设置。（图2-3-10）

步骤2．在【扩展名】列表中，选择".gif"、".jpg" 或".png"的网页图像文件扩展名。

步骤3．如果Fireworks不在该列表中，则单击 ￫ 按钮，在硬盘上找到Fireworks应用程序，然后单击【打开】。如果Fireworks出现在【扩展名】列表中，那么直接选择它就可以了。最后单击 设为主要(M) 按钮即可。

接下来介绍如何使用Fireworks作为外部编辑器来优化图像。

② 使用外部编辑器来编辑图像

在设计网页时，如果对某些图像效果不是特别满意，此时可以通过Dreamweaver的编辑图像功能，将图像打开到Fireworks中进行编辑。Fireworks对网页中的图像进行编辑完成后即可直接更新到网页，可以说配合Dreamweaver编辑和修改图片，带来了很大的方便。

图2-3-10 "首选参数"对话框

图2-3-11 "查找源"对话框

注1：当图片与文字混排的时候，围绕在图片周围的文本排列方式由图像的对齐方式决定。其他的对齐方式可以自己进行排列。

步骤:

步骤1. 开启光盘素材文件: .. \02\2-3\2-3-2-4.html页面,选中待编辑的图像,单击【属性】面板上的 按钮来编辑,启动Fireworks。

首次从Dreamweaver启动Fireworks编辑图像时,会弹出一个"查找源"对话框,单击【使用此文件】按钮。(注1)(图2-3-11)

步骤2. 编辑图像后,选择【文件】菜单中的更新命令,将图像更新到Dreamweaver中。(注2)

③ 优化图像

网页中的图像编辑完成后,就需要对其优化,使其图像质量和下载速度达到最佳平衡,本例将继续介绍使用Fireworks优化图像。

步骤:

步骤1. 选中待优化的图像,然后单击【属性】面板中的使用Fireworks最优化按钮 。

步骤2. 弹出"查找源"对话框后,单击【使用此文件】按钮。

步骤3. 选择菜单上的【窗口】→【优化】命令,即显示出【优化】面板。根据选取图像格式的不同,我们对它不同的参数进行更改设置。(图2-3-12)

步骤4. 编辑图像后,单击【完成】,即将图像更新到Dreamweaver中了。(注3)

(5)热区设置及替代文字编辑

网页中文字作为超链接的触发点,是网页上创建链接的主要方式,但这不免有些单调。Dreamweaver允许用户使用图像或图像中的某些区域来创建超级链接。假如有一幅图像,像平时用的地图一样,把它分为若干区域,每个区域对应不同的URL,这便是影像地图。

影像地图是一幅被划分为若干区域或"热区"的图像,单击"热区"时对应的网页即可显现。

① 热区设置

开启光盘素材文件: .. \02\2-3\2-3-2-5.html页面为例,在图像上创建热区。

步骤:

步骤1. 单击文件上的图片,然后在【属性】面板上,点选 进行热区设置,在想

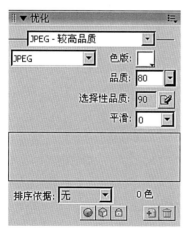

图2-3-12 【优化】面板的设置效果

图2-3-13 为图像建立热区

注1:编辑图像的软件有很多,如果选择的是其他编辑图像软件,则出现相应的软件图标。【使用PNG】指将现有图像建立为新的PNG图像,进入Fireworks中编辑;【使用此文件】指直接进入Fireworks进行编辑处理。

注2:当图像更新到网页后,原来的图像文件将会同时被更新,而且无法返回,所以如果还不确定编辑的效果是否适用网页,最好先将原来的图像复制备份,再进行编辑处理。

注3:Fireworks在对网页中的图像进行编辑和优化方面有着很高的利用价值,所以还需多加练习。

建立超链接的区域，勾画热区形状（规则矩形、圆形、不规则多边形），根据需要进行设置，同时在【链接】处默认增加了空链接"#"。（注1）（图2-3-13）

　　步骤2．在热区【属性】面板中的【目标】栏中选择打开链接的方式。

　　_blank：在一个新的浏览器窗口打开目标文件，原来的网页窗口仍然存在。

　　_parent：将链接的文档加载到该链接所在框架的父框架窗口。如果包含链接的框架不是嵌套框架，则所链接的文档加载到整个浏览器窗口。

　　_self：将链接的文档载入链接所在的同一框架或窗口。此目标是默认的，所以通常不需要指定它。

　　_top：将链接的文档载入整个浏览器窗口，从而删除所有框架。

　　步骤3．在热区【属性】面板中的【链接】栏中输入链接地址。

　　如果在【链接】处输入"..\2-3-2-3.html"，在浏览器中，可以通过单击图片打开"..\2-3-2-3".html页面（这里的链接路径为相对路径）。

　　② 设置替代文字

　　选择文件中的图像，在【属性】面板上的【替换】中，输入简短的文本，例如输入"环亚瑞智公司概况"。当通过浏览器观看网页，并且将鼠标移到图片上时，鼠标的右下角将呈现图像的替代文本。（图2-3-14）

（6）图像用做项目列表

　　之前讲过创建文字列表，现在将通过实例，演示如何把小图片定义成项目列表，来美化和配合文字。

　　结果文件：..\02\2-3\2-3-2-6.html。

步骤：

　　步骤1．以光盘素材文件：.. \02\2-3\2-3-2-6.html页面为例，新建文档，且输入文字。

　　首先定义将要用做列表项的图片。打开【窗口】→【CSS样式】命令，单击新建CSS规则 按钮，新建样式表，在弹出的对话框中进行如下设置。（注2）（图2-3-15）

　　步骤2．在【分类】中选择【列表】，并在【项目符号图像】的文本域中通过【浏览】按钮选择要插入的图像".. \02\2-3\images\d1.jpg"。（图2-3-16）

图2-3-14 设置图像替代文字

图2-3-15 新建样式表文件

图2-3-16 定义项目符号图像

注1：选择矩形热点工具，在选定图像上拖动鼠标指针，创建矩形热区。选择圆形热点工具，在选定图像上拖动鼠标指针，创建圆形热区。选择多边形热点工具，在选定图像上每个角点单击一次，定义一个不规则的热区。单击箭头工具，结束热点的定义。

注2：样式表文件的使用稍后会在CSS样式表文件章节中详细讲解。

步骤3. 回到文档中，用鼠标选中页面上的文字，并在【属性】面板上选中项目列表 ▤ 按钮。

步骤4. 再次选中文字，在右侧的【CSS样式】面板中，选中刚才设置的样式（.img），并右键选择【套用】。这样图像就可以用做项目列表了，直接按"Enter"键，项目列表就可以直接应用。（图2-3-17）

3. 使用Dreamweaver内建的编辑图像功能

在Dreamweaver的【属性】面板中可以看到有关图像【宽】和【高】的设置。通过改变输入数值的变化，可以更改图像外观，但其本身的质量大小并不会发生任何变化。所以我们会通过使用Dreamweaver内建的编辑图像功能来编辑和调整图像。Dreamweaver提供的图像编辑功能，可以对其进行裁切图像、重新取样、调整图片亮度和对比度、锐化图像这4项处理。

接下来进入到详细学习中。

（1）裁剪图像

当图像插入网页后，有时候需要对图像进行调整。当插入的图像比要插入区域大时，往往可以通过裁切功能，将图片多余的部分裁切掉，以适合网页版面的大小。

步骤：

步骤1. 开启光盘素材文件：..\02\2-3\2-3-3-1.html，将看到网页中已经插入一张图像。选中待裁剪的图片，单击【属性】面板上的裁剪 ◪ 按钮。

步骤2. 画面上将出现如图2-3-18所示的对话框，会提醒在修改图像之后可以按"Ctrl+Z"键恢复裁剪前的状态。

步骤3. 单击【确定】按钮后，选取的图像周围将出现8个控制点，调整裁减的范围。（图2-3-19）

步骤4. 调整完毕以后，双击裁剪范围，或单击【属性】面板里的裁剪 ◪ 按钮，即可进行裁剪。（注1）

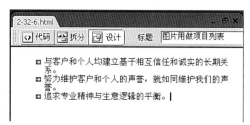

图2-3-17 图片用做项目列表

图2-3-18 裁剪图像将永久性更改图像

图2-3-19 对图像进行裁剪设置

注1：关闭裁剪图像的网页文件之前，可以随时按"Ctrl+Z"键恢复，一旦存储并关闭文件之后，被裁减的图像就无法还原了。

（2）重新取样

插入网页里的图像过大时，需要将其缩小到正好符合单元格大小的尺寸，但缩小后的该图像原有像素分布规律就已发生改变，导致图像效果变差。为了取得更好的效果，需要对该图像重新取样，以重新排列好图像的像素，使之显示效果更佳。

步骤：

步骤1．开启光盘素材文件：..\02\2-3\2-3-3-2.html页面之后，选中图像。（图2-3-20）

步骤2．按住"Shift"键不放，拖拽图像右下角的控制点，便能等比例缩放图像，将图像大小缩放到原来的一半。

步骤3．为了让缩小显示后的图像文件大小也能缩减下来，单击【属性】面板上的重新取样 按钮。此时图像不仅看起来小了，本身的质量也同时变小了。

（3）调整亮度和对比度

完成对图像的插入后，如果对图像的色调不是特别满意，可以通过调整亮度和对比度功能，对图像做出高反差的效果。开启光盘里的素材文件：.. \02\2-3\2-3-3-3.html，点选图片，单击【属性】面板上的亮度和对比度 按钮，试着调整其中的图像的亮度和对比度。（图2-3-21）

（4）锐化图像

锐化图像功能常用于润饰通过扫描仪导入的图像文件，让图像更清晰。

开启光盘里的素材文件：.. \02\2-3\2-3-3-4.html页面，选中图像，单击【属性】面板上的锐化 按钮，试着调整其中图像的锐化效果，图像将会发生改变。（图2-3-22）

图2-3-20 选中图像

图2-3-21 调整其中的图像的亮度和对比度

4. 动态图片制作

网页上经常可以看到，当鼠标移动到一张图像上时，该图像就被切换成另外一张图像，鼠标移开后，又恢复成原来的样子，这就是动态图片的效果。它的制作很简单，原理就是两张图像的交换。轮换的图像实际是由两幅图像组成，分别是初始图像和替换图像。（注1）

结果文件：..\02\2-3\2-3-4.html 。

步骤：

步骤1．将鼠标放在待插入图像的单元格中。

步骤2．在插入工具栏中选择【常用】标签，单击图像 🖼 按钮旁的箭头图标，选择第三项鼠标经过图像 🖼 按钮，打开"插入鼠标经过图像"对话框。

步骤3．单击【原始图像】源文件浏览按钮，选择图像".. \02\2-3\images\main_12.jpg"，接着单击【鼠标经过图像】浏览按钮，选择图像".. \02\2-3\images\main1_12.jpg"。（图2-3-23）

图像对于网页而言，可以起到美化和导航的作用，所以在网页上适当地使用动态图像，可以起到特别的效果。（注2）

步骤4．同时还可以在【替换文本】键入当鼠标经过时显示的字如"动态图片"。

步骤5．设置完后单击【确定】保存文件，预览效果。

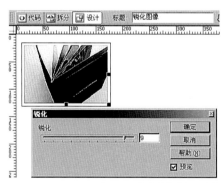

图2-3-22 调整图像的锐化效果

图2-3-23 插入鼠标经过图像

注1：用于创建轮换图像的两幅图像的大小必须相同，若不相同，系统则会自动使第二幅图像与第一幅相匹配。

注2：弹出"插入鼠标经过图像"对话框后，图像名称文本框中已经自动给图像命名，这个名称既不是原始图像的名称，也不是鼠标经过图像的名称，它可以理解为：如果把原始图像和鼠标经过图像两者放在一个组内，那么它就是这个组名。图像名称文本框中的名称一般使用不多，只要使用默认值即可。

实训项目

实训名称 — 1．给现有网页应用背景图片

2．用指定的图片替换原有的项目列表符号

相关规范 — 1．制作一张图片，需要注意图片的边缘，设置为网页背景后，做到接缝处要柔和

2．可以制作一张3×3像素的小图片，用它来制作图像项目列表，配合页面效果进行设计

参考资料 — 参考文件地址：..\02\2-3\Example\

小结

通过本节的学习，主要掌握网页文档中图片的创建及存储的方法，能熟练添加和编辑网页中的图像对象。

要清楚目前在网页中最常用的图像格式有两种：GIF格式和JPGE格式。插入图像后，如果想对图像进行编辑，可通过属性面板进行编辑和设置。

习题

一、判断题

1．在网页中插入图像时，必须要将该图像复制到站点目录中。（ ）

2．在网页中插入的图像可以在Dreamweaver中进行简单的编辑操作。（ ）

3．一张图片上只能做一个热区链接。（ ）

二、填空题

1．PNG格式的图只有IE_____及以后版本和Netscape Navigator_____及以后版本才支持。

2．选择_____菜单下的_____命令，能弹出页面属性对话框。

3．插入鼠标经过图像时需要先准备_____幅图像。

4．网页里的图像最常用的格式有两种，分别是_____和_____。

5．用于创建轮换图像的两幅图像的大小不同时，系统会自动使第____幅图像与第____幅相匹配。

珍凤阁画廊网站

奇正电子网站

四、表格及图层

训练目的 — 介绍网页里表格的构成、属性设定和编辑操作，以及如何用表格编辑网页
来掌握使用版面模式建立表格。同时介绍层的建立、层的属性设置和修
改，以及使用层编排网页，使用层设计版面、编排图像及在网页中合理地
操作界面安排，导入其他元素运用于页面

课程时间 — 16课时

实训项目 — 1. 用表格排版网页，设计一个博客类网站

2. 用层做下拉菜单及漂浮动画

参考资料 — 长春万科网上销售中心网站（http://cc.vanke.com/）、睿异设计网站
（http://ruiweb.cn/js.asp），在素材光盘中可以找到源文件学习

1. 认识表格

表格是用于在HTML页上显示表格式数据，以及对文本和图形进行布局的强有力的工具。
如果是通过浏览器存储网页，再用Dreamweaver软件开启，就能看到这些页面都是通过表格来
控制网页里内容的位置，可见表格在网页制作中的作用是非常大的。

表格由一行或多行组成，每行又由一个或多个单元格组成。虽然HTML代码中通常不明确
指定列，但Dreamweaver允许操作列、行和单元格。

Dreamweaver提供了两种查看和操作表格的方式：【标准】模式和【布局】模式，在【标
准】模式下，表格显示为行和列的网格，在【布局】模式下，允许在将表格用作基础结构的同
时在页面上绘制方框，调整方框的大小并移动方框。

（1）表格的插入方式

将表格插入到网页中的方法有两种：

① 选择【插入记录】→【表格】命令。

② 选择插入工具条中【常用】标签，并选择表格 田 按钮。

使用以上的任何一种方法，屏幕上都会出现表格插入对话框，这个设置面板可以设置表
格的属性。在此设置面板上输入行、列数值及表格宽度、表格边框宽度，最后单击【确定】按
钮，即可插入表格。（图2-4-3）

通常网页中的内容都要插入到表格里。如果想插入文字或者图像内容，就需要插入一个

图2-4-1 表格用于显示表格式数据

图2-4-2 表格用于布局页面

表格，然后把它们整体编排到网页中。下面将介绍如何通过表格在网页中插入图片。

以实例页面睿异设计的一个子页（..\02\2-4\睿异设计\js.html）为参考，试着使用表格排版页面，以页面顶部的图片如何插入为例进行讲解。

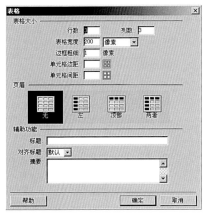

属性	注解
行数	插入表格的行数
列数	插入表格的列数
宽度	在右侧的下拉列表中，选择宽度单位。可以选择像素，以绝对的像素值来设置表格的宽度，则表格的大小不随浏览器窗口大小改变而改变；选择百分比，设置表格宽度同浏览器宽度成百分比，则表格的宽度将随浏览器窗口宽度而改变
边框	表格边框的粗细值
单元格填充	单元格中内容与单元格边界（四周）的距离，以像素为单位
单元格间距	每个单元格之间的距离，以像素为单位

图2-4-3 表格插入对话框

开启光盘素材文件：..\02\2-4\2-4-1-1.html 。

步骤：

步骤1. 开启光盘素材文件：.. \02\2-4\2-4-1-1.html页面，在插入工具条中选择【常用】标签，并选择表格 田 按钮，在弹出的对话框中设置表格的属性为1行1列，790像素，【边框】、【间距】和【边距】都为0像素。（注1）（图2-4-4）

步骤2. 选择【修改】→【页面属性】命令，在弹出的"页面属性"对话框中，在左侧的分类里选择【外观】后，设置【左边距】、【右边距】、【上边距】、【下边距】为0像素。

步骤3. 在表格中插入图片：..\02\2-4\images\n1.jpg图像文件。

图2-4-4 表格插入完成

表格HTM标签	注解
<table>	表示表格，且标签成对出现
<tr>	表示表格中的行，标签成对出现且嵌套在<table>与</table>中
<td>	表示表格中的列，标签成对出现且嵌套在<tr>与</tr>之间

（2）表格的HTML源代码

所有的表格元素都包含在<table>和</table>标签之间。例如，一个现成表格的HTML源代码如下：

注1：设置【边框】为0像素，插入的表格在网页上以虚线显示，而在浏览器预览时则不会显示框线。

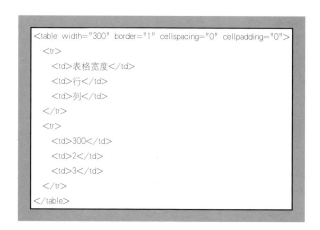

上边的源代码在浏览器中，将呈现如图2-4-5所示的结果。

结果文件：.. \02\2-4\2-4-1-2.html。

由这个例子可以看出表格的基本结构。整个表格的定义从<table width="300" border="1" cellspacing="0" cellpadding="0">开始，以</table>结束，其他元素都包含在表格元素中。一对<tr></tr>表示一行，表格中行的数量与<table></table>元素中<tr></tr>的数量是相等的。<table>与</table>中有几对<tr></tr>，就代表当前表格有几行。<td></td>代表列数，它始终包含在<tr>与</tr>之间。<tr></tr>中有几对<td></td>，就代表一行中有几列。

这个表格表示此表格是一个300像素宽，边框为1像素，间距与边距为0的一个2行3列的表格。在第一行中有三列，分别写着："表格宽度"、"行"、"列"，在第二行中也有三列，对应写着："300"、"2"、"3"。

（3）表格的属性设置

插入表格后，可以通过【属性】面板，进一步设置和修改表格的属性。比如：【宽】、【行】和【列】、【背景颜色】以及【边框】等。

结果文件：..\02\2-4\2-4-1-3.html 。

① 选择表格

插入表格后，需要对表格进行编辑，而在这之前必须先选择所要编辑的表格对象。该对象可以是整个表格，也可以是行、列或单元格。

A. 选择、整个表格的5种方法

将鼠标定位在表格中，选择主菜单上的【修改】→【表格】→【选择表格】命令。

在表格的任意单元格中，单击鼠标右键，在弹出的快捷菜单中选择【表格】→【选择表格】命令。

图2-4-5 表格源代码显示及预览视图

　　将鼠标定位在任意表格内的任何单元格中，再单击标签选择器上的【<table>】标签，表格处于选中状态，【<table>】标签会加粗。（图2-4-6）（注1）

　　将鼠标移动到表格的底部或者上部的边框，当鼠标指针变成其他形状时，单击鼠标。（图2-4-7）

　　将鼠标移到任意表格的边框上，当鼠标指针变成 ↕ 形状时，单击鼠标，即可选中表格。

B. 选择行或列

　　选择单行：用鼠标指向该行左侧单元格的左边框，当指针形状变成 → 时，单击鼠标就可以选中该行。

　　选择单列：用鼠标指向该列顶端单元格的上边框，当指针形状变成 ↓ 时，单击鼠标就可以选中该列。（注2）

C. 选择单元格的3种方法

　　在单元格中的任何位置上单击，并且拖动鼠标至另一个单元格中。

　　将光标定位在单元格中，选择【编辑】→【全选】命令，选中光标所在的单元格。

　　选择多个单元格时，在要选择的第一个单元格中的任何位置上单击并且拖动鼠标至要选择的最后一个单元格中即可。

② 设置表格属性

　　设置表格属性。选择表格以后，【属性】面板就会出现表格的属性内容，当修改了任何属性后，文件上的表格就会发生相应的变化。（注3）（图2-4-8）

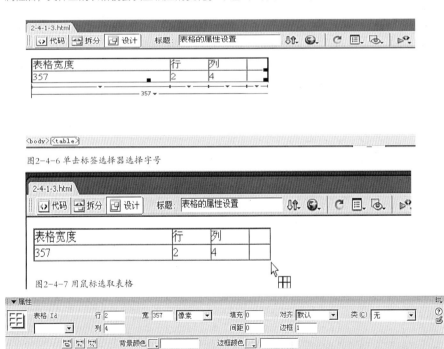

图2-4-6 单击标签选择器选择字号

图2-4-7 用鼠标选取表格

图2-4-8 表格的属性版面

注1：Dreamweaver给设计者提供了标签选择器，用于在编辑界面中使用鼠标选取较难选择的HTML标签，这项功能不但可以清晰明了地选择标签，还可以对其他的功能起辅助作用。

注2：将鼠标定位在行或列的起始单元格中，沿着1行或1列中的所有单元格进行单击并拖动。选定行或列中的所有单元格都被一个黑边框包围起来。

注3：通常不需要设置表格的高度。

设置单元格属性

表格里的每一个单元格都可以被赋予不同的属性，如【宽】、【文本对齐】、【背景颜色】等。把鼠标移到单元格内，【属性】面板就会呈现出单元格的属性设置。（图2-4-9）

③ HTML中的表格格式设置优先顺序

当在【设计】视图中对表格进行格式设置时，可以设置整个表格或表格中所选行、列或单元格的属性。如果将整个表格的某个属性（例如背景颜色或对齐）设置为一个值，而将单个单元格的属性设置为另一个值，则单元格格式设置优先于行格式设置，行格式设置又优先于表格格式设置。

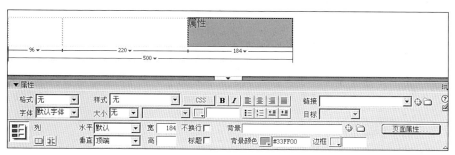

图2-4-9 单元格【属性】面板

表格属性名称	注解
id	输入表格名称
行	设置表格的行数
列	设置表格的列数
宽及高	分别设置表格的宽度和高度，可以选择相对的百分比，或者以像素为单位精确指定表格的尺寸(注1)
填充	设置表格的内部间距
间距	设置表格中单元格与单元格的距离
对齐	确定表格相对于同一段落中的其他元素(例如文本或图像)的显示位置。"左对齐"沿其他元素的左侧对齐表格(因此同一段落中的文本在表格的右侧换行)；"右对齐"沿其他元素的右侧对齐表格(文本在表格的左侧换行)；"居中对齐"将表格居中(文本显示在表格的上方或下方)。"缺省"指示浏览器应该使用其默认对齐方式
边框	指定表格边框的宽度(以像素为单位)。如果没有明确指定边框、单元格间距和单元格边距的值，则大多数浏览器按边框和单元格边距均设置为1，单元格间距设置为2显示表格。若要确保浏览器不显示表格中的边框和间距，请将【边框】、【单元格边距】和【单元格间距】都设置为0
类	在下拉列表中设置表格的样式型
⌷	清除列宽的设置
⌷	可以将表格宽度设置的单位指定为像素
⌷	可以将表格宽度设置的单位指定为百分比
⌷	可以清除行高的设置
背景颜色	设置表格的背景颜色
背景图像	通过单击【浏览文件】按钮，设置表格的背景图像信息
边框颜色	设置表格边框的颜色

注1：如果在页面中没有看到属性面板，可以选择【窗口】→【属性】命令，打开【属性】面板。

表格格式设置的优先顺序如下：

A．单元格

B．行数

C．表格

例：如果将单个单元格的【背景颜色】设置为蓝色，然后将整个表格的【背景颜色】设置为黄色，则蓝色单元格不会变为黄色，因为单元格格式设置优先于表格格式设置。（注1）

单元格属性	注解
▣	将所选的单元格、行或列合并为一个单元格。只有当单元格形成矩形或直线的块时才可以合并这些单元格
⯗	将一个单元格分成两个或更多个单元格。一次只能拆分一个单元格，如果选择的单元格多于一个，则此按钮将禁用
水平	在下拉列表中设置单元格的水平对齐方式。可以指定单元格，按照所设置的方式使文本在水平方向上以默认的方式对齐
垂直	在下拉列表中设置单元格的垂直对齐方式。可以指定单元格，按照所设置的方式使文本在垂直方向上以默认的方式对齐
宽及高	设置单元格的宽度及高度，可以选择相对的百分比，或者以像素为单位精确指定表格的尺寸
不换行	选择文本是否不换行。选中后，在单元格内输入文本时，如果长度超过该单元格的宽度，则单元格按需要加宽，以适应文本，而不是在新的一行上继续该文本；在不选中的情况下，文本自动换行，同时单元格的宽度保持不变
标题	将所选的单元格格式设置为表格标题单元格。默认情况下，表格标题单元格的内容为粗体并且居中
背景	通过单击【浏览文件】按钮，设置单元格的背景图像信息
背景颜色	设置单元格的背景颜色
边框颜色	设置单元格边框的颜色

（4）调整表格

因为标准表格是以几行几列的方式来创建，所以初始创建的表格都非常规则，每个单元格都平均分配大小。但实际应用中网页内容的多少是不规则的，而且编排内容时，固定数目的表格行或者列不一定适合需要，所以创建表格后，还需要针对内容的编排，适度地调整表格。比如插入行、列，或者合并、拆分单元格。

下面就来学习如何在表格中插入行和列，并学习如何合并和拆分单元格以创建所需要的页面布局。

① 插入行或列

在需要插入行的位置单击，选择菜单【修改】→【表格】→【插入行】命令,或者单击右键，从快捷菜单中选择【表格】→【插入行】，则可以在鼠标当前所在行的上面插入一行。

在需要插入列的位置单击，选择菜单【修改】→【表格】→【插入列】命令，或者单击右键，从快捷菜单中选择【表格】→【插入列】，便可以在鼠标当前所在位置的左侧插入一列。

注1：设置列的属性时，Dreamweaver更改对应于该列中每个单元格<td>标签的属性。

为表格插入行和列的操作如下：

步骤：

步骤1．开启光盘素材文件：..\02\2-4\2-4-1-4a.html 。

步骤2．我们要在现有表格的最右侧插入列，来添加“直流调速器的报价（RMB）”数值。将鼠标放在表格最右侧的任意单元格中，在插入工具条中选择【布局】标签，单击在右边插入列 按钮，则在表格右侧插入一列。（图2-4-10）

步骤3．插入列后，可向左拖拽表格右边的边框，将表格与所需表格的大小尺寸调为一致，并适当调整单元格的宽度。

步骤4．调整好表格后，可从顶端的单元格拖住鼠标不放向下拉动，直到这一列的所有单元格都呈选中状态后，通过【属性】面板设置【水平】为居中对齐。

步骤5．在单元格中逐个输入文字。（图2-4-11）

步骤6．接下来开始插入行，将鼠标放在表格最下面的一行任意单元格中，在插入工具条中选择【布局】标签，单击在下面插入行 按钮，则在表格下面插入一行。（图2-4-12）

步骤7．在单元格中逐个输入新的“型号”、“适配电机”、“额定电流”以及“报价（RMB）”，以便浏览者可以看到更多的内容。（注1）

② 删除行或列

在需要删除行的位置单击，选择菜单【修改】→【表格】→【删除行】命令，或者单击右键，从快捷菜单中选择【表格】→【删除行】，则可以删除鼠标当前所在行。

在需要删除列的位置单击，选择菜单【修改】→【表格】→【删除列】命令，或者单击右键，从快捷菜单中选择【表格】→【删除列】，便可以删除鼠标当前所在的列。

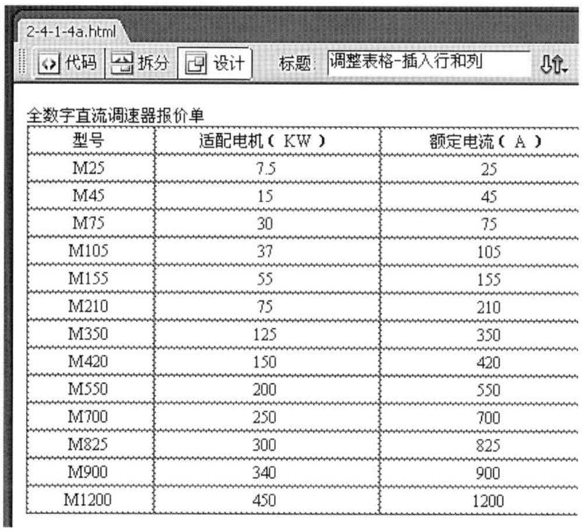

全数字直流调速器报价单

型号	适配电机（KW）	额定电流（A）
M25	7.5	25
M45	15	45
M75	30	75
M105	37	105
M155	55	155
M210	75	210
M350	125	350
M420	150	420
M550	200	550
M700	250	700
M825	300	825
M900	340	900
M1200	450	1200

图2-4-10 在表格右侧插入一列

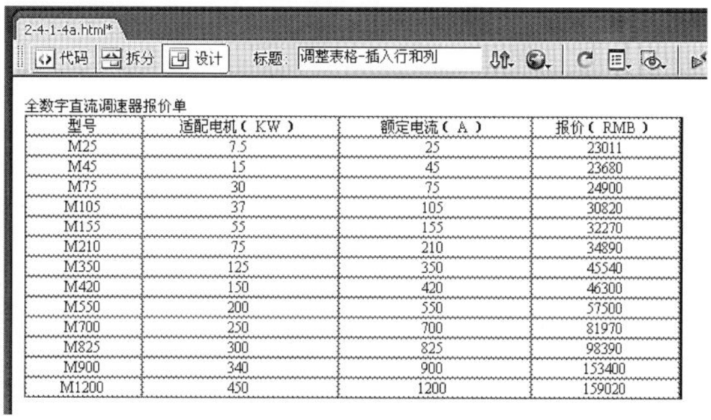

全数字直流调速器报价单

型号	适配电机（KW）	额定电流（A）	报价（RMB）
M25	7.5	25	23011
M45	15	45	23680
M75	30	75	24900
M105	37	105	30820
M155	55	155	32270
M210	75	210	34890
M350	125	350	45540
M420	150	420	46300
M550	200	550	57500
M700	250	700	81970
M825	300	825	98390
M900	340	900	153400
M1200	450	1200	159020

图2-4-11 在单元格中输入文字

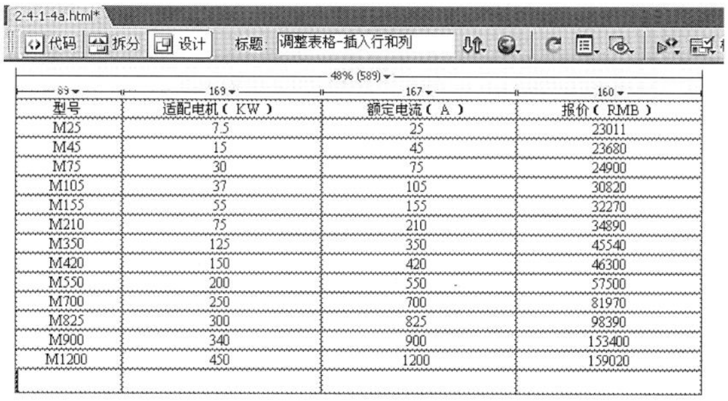

型号	适配电机（KW）	额定电流（A）	报价（RMB）
M25	7.5	25	23011
M45	15	45	23680
M75	30	75	24900
M105	37	105	30820
M155	55	155	32270
M210	75	210	34890
M350	125	350	45540
M420	150	420	46300
M550	200	550	57500
M700	250	700	81970
M825	300	825	98390
M900	340	900	153400
M1200	450	1200	159020

图2-4-12 在表格下面插入一行

注1：增加行和列，也可以选中表格，在【属性】面板中增加行或列的值以添加行或列，不过添加的位置是固定的，行只能添加在表格底端，列只能添加在表格右端。

为表格删除行或列的操作步骤如下：（图2-4-13）

步骤：

步骤1. 开启光盘素材文件：..\02\2-4\2-4-1-4bhtml。

步骤2. 单击"更新日期"单元格，选择主菜单【修改】→【表格】→【删除列】命令，或者单击右键，从快捷菜单中选择【表格】→【删除列】命令。

步骤3. 单击最下一行，选择主菜单【修改】→【表格】→【删除行】命令，或者单击右键，从快捷菜单中选择【表格】→【删除行】命令。（注1）

③ 拆分与合并单元格

如果需要在单元格中放置较多的内容，或者更好地分类内容，以及取消、增加部分单元格边框，可以对单元格进行拆分与合并处理，把单元格变为均分大小的情况，让它更适合于内容的编排与网页设计的需求。

将表格中两个或多个单元格合并成一个单元格称作合并；将一个单元格分割成两个或多个单元格称作拆分。对单元格的拆分与合并可以通过【属性】面板左下角，单击图2-4-14所示的按钮来实现。

将如图2-4-15所示的表格中第2行第2列的单元格拆分为3行，第2行第3列的单元格合并为1列，拆分合并效果如图2-4-16所示。

图2-4-13 用【属性】面板删除行或列

图2-4-14 a:表示合并多个单元格
　　　　　 b:表示把一个单元格拆分成若干个单元格

注1：也可以直接删除表格的行数和列数。选中整个表格，在【属性】面板中修改相应数值。不过用这种方法删除行或列的位置是固定的，删除行时从表格最底端开始，删除列时从表格最右端开始。

步骤：

步骤1．开启光盘素材文件：..\02\2-4\2-4-1-4c.html。

步骤2．单击"色彩/90"单元格，单击右键从快捷菜单中选择【表格】→【拆分单元格】命令，弹出【拆分单元格】面板，选择行，输入"3"即可。（图2-4-17）

步骤3．在拆分完的单元格中分别输入"体育/75"，"心理学/86"。

步骤4．可用鼠标单击第3列的第2个单元格向下一个单元格拖动鼠标，且保持两个单元格都在选中的状态，右键选择【表格】→【合并单元格】命令。

④ 设置表格、单元格的背景颜色

用鼠标选中表格，在【属性】面板中执行下列操作之一，在 背景颜色 □▭ 文本框中选择一种颜色。（图2-4-18）

单击颜色选择器弹出式菜单，然后从颜色选择器中选择一种颜色。输入一个十六制的颜色值，例如#99CC33。（注1）

用同样的方法可以将一种背景颜色应用到表格的单元格和表格边框中。单击任意需要设置的单元格，然后在【属性】面板中的 背景颜色 □▭ 文本框中选择一种颜色即可。

⑤ 调整边框和单元格的间距

表格在默认条件下是有边框的，我们可以调整这些边框。选择整个表格，在【属性】面板中将【边框】的【宽】和【间距】都设置为0像素，就可以使表格显得更紧密了。（图2-4-19）

⑥ 更改表格的行高和列宽

改变的方法有两种：

沿着表格的底部边框移动指针变成 ↕ 边框选择器或 ↓ 外观时，向下拖动以调整表格大小，（图2-4-20）还可以使用此方法调整表格的其他行高。

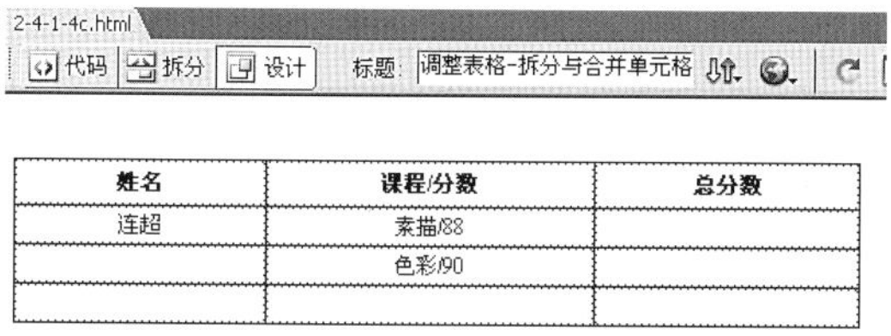

图2-4-15 表格拆分、合并处理前

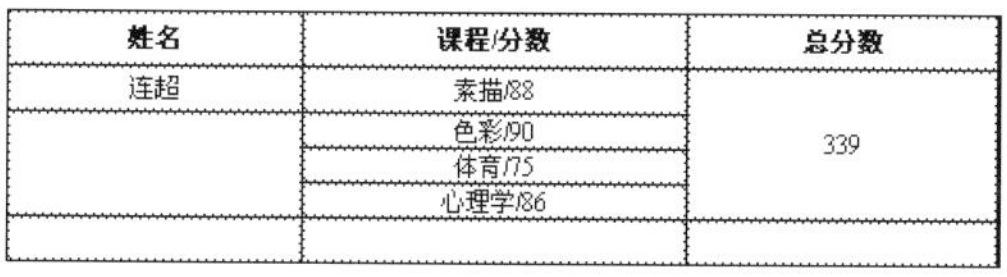

图2-4-16 表格拆分、合并处理后

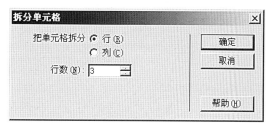

图2-4-17 拆分单元格

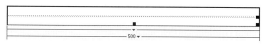

图2-4-18 设置表格、单元格的背景颜色

图2-4-19 设置表格间距为0

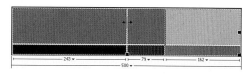

图2-4-20 调整表格行高

注1：现在网页上流行的网页设计配色为：采用黑、白、灰这些无彩色作为基调，采用一种精确的色彩作为主色调，通常使用一种颜色的渐变，让人感觉只有一种有色彩。颜色渐变是在Photoshop、Fireworks中处理的，不再详细讨论。

选中要改变大小的表格，然后从表格【属性】面板的【宽】和【高】中输入表格的大小。默认的宽度和高度单位是像素，但也可以输入10%之类的百分比数值来设置表格的大小。（注1）

⑦水平与垂直对齐设置

在默认情况下，单元格的内容将朝左上角对齐，可以通过单元格【属性】面板中的【水平】和【垂直】选项来设置对齐方式，设置时可以让右侧单元格的内容在水平和垂直两个方向上都处于居中排列。（图2-4-21）

整个表格的对齐方式，可以通过选择整个表格，然后将它的【对齐】属性设置成居中对齐就可以了。

（5）表格的实例应用

表格不仅可以用来排版，还可以使页面产生很多漂亮的效果。因为表格的参数比较多，这就决定了其形式的多样性，不同的表格表现形式不同，可以做出多种不同的视觉效果，下面就来看几种特殊表格的制作。

①细线表格框的制作

细线表格是网页中定位区分内容常用的一种方法，用来配套特定图片的使用，往往能够获得很好的效果，下面先来看一个细线表格在网页中的实际运用，对细线表格有一个大体上的认识。（图2-4-22）

我们可以设置表格的边框、背景颜色等。下面将介绍如何设置表格外观来美化网页。

开启光盘素材文件：..\02\2-4\ 2-4-1-5a.html。

步骤：

步骤1．新建HTML文档，插入表格，设置【宽】为300像素，7行1列，【填充】为3，【间距】为1，【边框】为0，【对齐方式】为居中对齐，设置【背景颜色】为#cccccc。（注2）

步骤2．选中第一行单元格，设置【背景颜色】为#efefef，再选中第二行单元格，顺着鼠标拖动，一直划到最后一行单元格，设置剩余的单元格【背景颜色】为#ffffff。（注3）（图2-4-23）

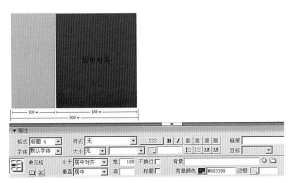

图2-4-21 整个表格的对齐方式

注1：设置单元格尺寸时，应该先预计好所需单元格的数量以及当前表格的宽度，这样好分配单个单元格的宽度。

注2：这样设置的具有边框效果的网站，比直接靠边框设置的表格更加精细、美观。

注3：【间距】是指单元格与单元格之间的距离大小。先将【间距】设定为1，再设定表格的背景色，无疑已经包含了间距这一部分，而后面的单元格设定则恰好把间距空出来了。从显示的效果看，改变表格背景色等同于改变边框的颜色。

②**粗线表格框的制作**

有了上边细线表格的制作基础，相信大家理解粗线边框就简单多了。粗线边框就是一种边框特别粗的效果，它往往配合其他网页元素来完成指定效果。

粗线表格框的制作有两种方法可以实现。开启光盘素材文件：..\02\2-4\ 2-4-1-5b.html。

方法一：利用边框值来完成效果。

步骤：

步骤1. 新建HTML文挡，在页面中插入一个1行1列的表格，选中表格，在【属性】面板中将【边框】的值设置为8（这个数值可以随意）。

步骤2. 同时特别注意要把【间距】重置为0像素，最后通过【边框颜色】设定边框的颜色为#996666。（图2-4-24）

方法二：利用设置间距来完成效果。

步骤：

步骤1. 利用设置【间距】值来实现粗线表格的方法和制作细线表格的方法相同。在【属性】面板上将【间距】值设定为8（这个数值可以随意）。

步骤2. 接着设定表格的【背景颜色】为：#996666，并设定单元格（td）的【背景颜色】为#FFFFFF。

③**隔距边框的制作**

"隔距边框"在网页中主要是用来排列各个栏目或频道的项目列表，用了"隔距边框"可以使读者对各栏目一目了然，方便了读者的阅读。（图2-4-25）

看完效果图就来介绍"隔距边框"的制作方法。开启光盘素材文件：..\02\2-4\2-4-1-5c.html。

图2-4-22 细线表格在网页中的实际运用

图2-4-23 设置表格事例

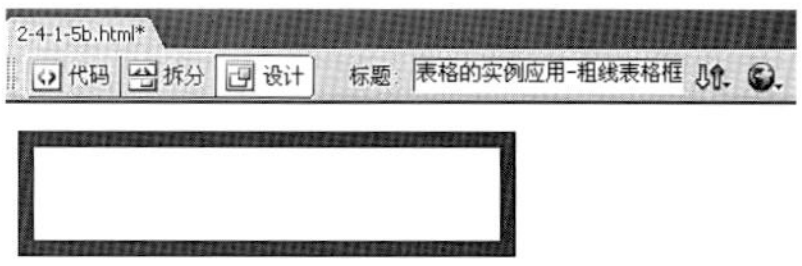

图2-4-24 显示间距

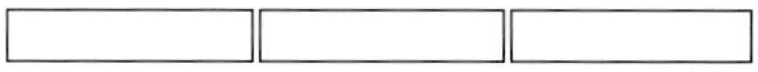

图2-4-25 隔距边框

步骤：

步骤1．新建HTML文档，首先插一个1行3列的表格，设置此表格的【边框】为0像素，【间距】为2像素，【填充】为1像素。（图2-4-26）

步骤2．把鼠标放在表格的第一个单元格上，按住鼠标左键不放，在各个单元格上拖动鼠标，直到选中所有的单元格，并在【属性】面板上设置【宽】，【背景颜色】为#990000。

步骤3．接着依次在三个单元格中插入表格，并将【边框】、【间距】、【填充】全部设定为0，同时在【属性】面板上将每个表格的背景颜色均设定为同网页背景色一样的白色。（注1）（图2-4-27）

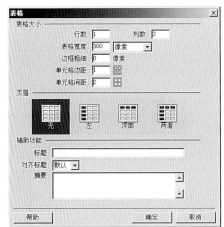
图2-4-26 表格属性对话框

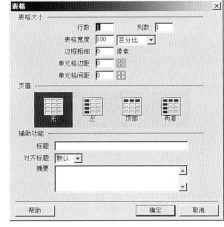
图2-4-27 表格属性设置

④使用表格制作直线效果

用水平线工具，在网页上插入水平分隔线，如果要插入垂直线段，通常有两个办法：使用图像替代，或者用表格的单元格或边框来生成直线效果。

示范表格（..\02\2-4\ 2-4-1-5d.html）里的垂直线条，其实就是一个像素的单元格。（图2-4-28）

从图中不难看出这是一个2行3列的表格，且中间的细线是个2行1列的单元格。制作成细线效果的步骤如下：

步骤：

步骤1．新建HTML文档，插入一个【宽】为818像素的2行3列的表格。并设置第1行第1列

图2-4-28 示范表格

注1：为了效果更好，可直接将插入表格的【宽】和【高】均设定为比例为100%，这样可以使表格自动地根据需要充满整个单元格。

单元格【背景颜色】为#339900，第2列的单元格【背景颜色】为#330000、第3列的单元格【背景颜色】为#66CC33，第2行第2列的单元格【背景颜色】为#330000，并单击将第2行所有单元格一并选中，在【属性】面板上设置单元格的【高】为198像素，【水平】为居中对齐。（图2-4-29）

步骤2．因为中间的细线是从上到下的一条直线，所以可以同时选中第1行和第2行的第2列，并在单元格的【属性】面板中单击合并单元格 按钮，再设置合并后的单元格【宽】为1像素。

步骤3．选中合并的这个单元格，将视图格式设置为拆分，可以看到的选中单元格<td>内有 " " 样子的代码。（图2-4-30）

步骤4．将代码中的 " " 删除。（注1）

步骤5．接下来就在第2行的第1列插入图像：.. \02\2-4 \images\index_r19_c2.jpg，在第3列插入图像：.. \02\2-4 \images\index_r30_c2.jpg。

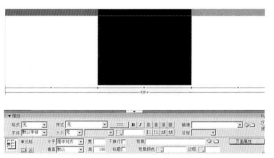

图2-4-29【属性】面板的设置

图2-4-30 显示单元格

2. 认识图层

层是一种HTML页面元素，可以将它定位在页面的任意位置。层可以包含文本、图像或其他任何可在HTML文档正文中放置的内容。层的主要特性是可以在网页内容之上浮动。换句话说，可以在网页上任意改变层的位置，实现对层的精确定位。正是由于层的这种特性，才实现了利用层对网页中内容进行精确定位。

层可以被显示或隐藏，通过利用程序在网页中控制层的显示或隐藏，实现层内容的动态交替显示，实现一些特殊的显示效果。层还可以重叠，因此可以在网页中实现内容的重叠效果。

（1）创建层

层是一种自由性很好的对象，可以任意调整它的大小与位置，而且不会影响到网页中的其他对象，因此，很多设计师很喜欢使用层来完成网页布局。首先来先介绍Dreamweaver中两种创建层的方法：在插入工具条中选择【布局】标签，单击绘制层 按钮，即可在页面中拖拽出一个层；选择主菜单上的【插入记录】→【布局对象】→【AP Div】命令，即可插入一个层。

① 使用主菜单命令创建层

步骤：

步骤1．选择主菜单上的【插入记录】→【布局对象】→【AP Div】命令，即可插入一个层，且默认的插入层的尺寸大小为200x150像素。（图2-4-31）

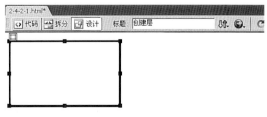

注1：在Dreamweaver中插入的单元格中默认都有个空格在代码中用 " " 表示。因为这个空格宽度超过了1像素，所以要切换到代码状态，将该单元格中的 " " 删除。

图2-4-31绘制层

② 绘制层

为网页添加层的另外一种方法就是以手绘的方式创建层，这种方式比较简单，可以随意绘制大小不同的层。

步骤：

步骤1．新建HTML文档，然后在插入工具条中选择【布局】标签，单击绘制层 📖 按钮。

步骤2．拖拽鼠标，在页面的左上角绘制一个层。（注1）

③ 选取层

层的左上角外侧有一个小方框，称为"层把手"。当鼠标靠近层边框，呈现层把手时，层的周边会出现8个调整尺寸的控制点（图2-4-32），而且【属性】面板也将显示此层的属性。

④ 调整层的位置

一般插入的层都默认地出现在文件窗口的左上角，但Dreamweaver并没有默认它的坐标位置。看【属性】面板就会发现层属性的坐标字段是空白的，当按住层把手对层进行拖动的时候，坐标就会出现。（图2-4-33）

移动层最简单的方式就是拖拽层把手，如果看不到把手，请先单击层边框。如要让层超出网页文件的范围，可以在【属性】面板的【左】或者【上】字段上输入负值。

此外，可以使用方向键来精确地移动层：

按任意"方向"键，层就会沿着方向键指示的方向一次移动一个像素。

若按住"Shift"和"方向"键，层就会以10像素的距离移动。

⑤ 修改层尺寸

除能通过拖拽层四周的8个调整尺寸控制点来改变层的大小之外，还可以用方向键来精确地调整层的尺寸。

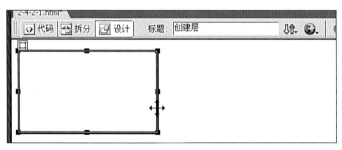

图2-4-32 选取层

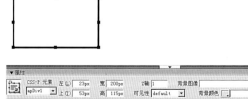

图2-4-33 调整层的位置

注1：在默认情况下，单击一次描绘层 📖 按钮只可绘制一个层。需要再次单击此按钮方可绘制第2个层，要想连续绘制新的层，则要同时按住"Ctrl"键。

按住 "Ctrl" 再按 "方向" 键可以扩展或减少一个像素。

按住 "Shift" 和 "Ctrl" 再按 "方向" 键，一次增加或减少10个像素。

（2）层属性

结合下边的练习讲解层属性。开启光盘打开练习文件：..\02\2-4\2-4-2-2a.html。

步骤:

步骤1．将鼠标定位在层中，然后在插入工具条中选择【常用】标签，单击图像 按钮，将光盘素材.. \02\2-3\images\flash.jpg图像插入到层中。（图2-4-34）

步骤2．接下来我们通过改变层属性设置来观察发生的变化。选中层apDiv1，【左】为0像

图2-4-34 在层中插入图像

层属性	注解
CSS-P元素	插入层的默认的名称，AP Div后边的数值可以递增(任何不带空格或者特殊字符的唯一识别名称，也就是说层以及其他HTML元素的名称不能相同)，为了让CSS样式或者JavaScript程序能正确地引用层，层必须要有名称
左	插入层的横坐标
上	插入层的纵坐标
宽	表示插入层的宽度
高	表示插入层的高度
Z轴	是层的高度值，可以是任意整数(可以是正数也可以是负数)。数值越大代表该层所处的排列顺序越在最上边
可见性	决定层的显示状态，分别为Default(默认)、Inherit(继承)、Visible(显示)、Hidden(隐藏)。其中继承选项用于嵌套层，代表该层具有其父层的特征
背景图像	通过单击【浏览文件】按钮，设置层的背景图像信息
背景颜色	层的背景色，默认为透明
溢出	由于层的大小是可以定义的，所以当层的内容大于层的尺寸时，层默认状态下会自动增大。这个属性让你决定要如何处理超出范围的内容。溢出选项包括Visible（显示），指无论层的宽高设置为多少，其中的内容都会显示出来，即层会被撑大。Scroll（滚动）指显示滚动条，无论内容是否超出层的大小设置。Hidden（隐藏）指遵守层的宽高设置，超出的内容将不再显示。Auto（自动）指自动识别内容是否超出，然后决定是否显示滚动条
剪辑	遮盖层的部分内容，可以输入任意整数值来设置显示范围，如果没有指定值，浏览器将显示整个层的内容

素，【上】为0像素，把【溢出】字段设置成"Hidden"。（图2-4-35）

① 调整层的前后位置

在默认的情况下，新增加的层都会在旧层的上边。而层的前后位置是由本身层【属性】面板上的【Z轴】来决定的。【Z轴】值可以是一个整数（可以是正数也可以是负数），数值越大代表该层所处的排列顺序越在上边，每次创建新层的时候，Dreamweaver都会自动指定一个【Z轴】值。开启光盘素材文件："..\02\2-4\2-4-2-2b.html"，可以看到有四个层叠加在一起，排列着高低顺序。接下来通过改变各层的【Z轴】值大小来看它们发生的变化。

选中各个层的层把手就会看到它们的【Z轴】数值，把原来的1、2、3、4分别调整为8、2、4、-3。（注1）（图2-4-36）

② 使用层面板来修改层

Dreamweaver本身提供了一个调整层的辅助工具——【层】面板。可以通过快捷键"F2"或选择主菜单【窗口】→【AP元素】命令来显示出【层】面板。【层】面板可以快速地选择层，并且改变层的名称，控制层是否显示以及调节【Z轴】值。（图2-4-37）

在【层】面板中每一个层名称前面都有一列用来控制层的显示与隐藏状态，单击层名称前的空白区域可隐藏该层，此时将出现 ☒ 图标，再次单击可显示该层，此时出现 ☜ 图标，表示该层处于显示状态。

双击层名称，可重新命名。

单击【Z轴】数值，可输入层的【Z轴】值。可以通过用鼠标选中并上下拖拽层面板中层名称的方法来改变它们的前后顺序（【Z轴】数值）。

【层】面板上的【防止重叠】选项，在使用层编排网页的时候非常好用。在默认情况下，不同的层可以彼此重叠，如果勾选【防止重叠】选项，层就无法重叠了。（注2）

③ 层与表格的转换

当调整好页面元素的位置后，可将层转换为表格，以求网页有更好的兼容性。执行主菜单上的【修改】→【转换】→【将AP Div转换为表格】，此时会显示出对话框，并显示相关的选项，要求用户进行设置。（图2-4-38）

【将AP Div转换为表格】设置面板中包含以下几个主要的选项，以下是详细介绍。（注3）（图2-4-39至图2-4-41）

选项名称	注解
最精确	使用较复杂的表格来确保页面上的元素，使其出现在指定的位置
最小	用合并宽度小于所指定像素单元格来简化表格。这项设置可以生成比较精简的表格，但这也意味着转换后的元素位置可能会有些许偏差
使用透明的GIF文件	如果勾选这个选项，Dreamweaver在空白的单元格里面填入一个透明的GIF图像，以确保表格能在不同的浏览器中保持一致的外观
置于页面中央	在默认情况下，表格将从网页的左上角开始显示，若勾选这个选项，表格将呈现在页面中央
背景图像	通过单击【浏览文件】按钮，设置层的背景图像信息

注1：可以修改【Z轴】值或者用鼠标选中你要修改的图层并点选主菜单上的【修改】→【排列顺序】→【移到最上层】或【修改】→【排列顺序】→【移到最下层】命令来更改层的前后高低位置。如果始终想让一个层保持在所有层之上，我们可以给它指定一个【Z轴】值，比如1000。

注2：假如层中包含了JavaApplets和ActiveX控件或者外挂元件等对象时，该层的Z轴设置就变得无效，从而导致该层总是位于所有层的顶端。例如，假若网页上的某个层包含Flash影片，则该层将位于最高的位置。

注3：也不是所有的层都可以转换成表格，以下情形的将不能转换：嵌套层、层超出文件位置、重叠层。

（3）使用层制作网页实例

层在网页设计与制作上使用的范围比较广泛，一般来说主要应用在导航栏、浮动链接以及浮动窗口中。现在互联网上大多数漂浮广告和对联广告都是用层和JavaScript程序相结合来实现的。

① 用重叠层制作特效图像效果

因为层具有很强的浮动性，所以层之间可以相互重叠，设计师也常利用此特性制作一些网页特效。例如，将两个层重叠，其中上方的层插入图像，下方的层则设置成灰色背景，从而制作出立体的图像效果。（图2-4-42）

开启光盘素材文件：..\02\2-4\ 2-4-2-3a.html。

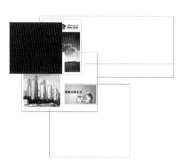

图2-4-35 改变层属性后的效果

图2-4-36 层的前后位置

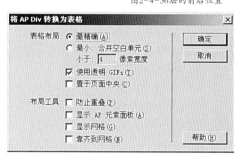

图2-4-37 使用层面板来修改层

图2-4-38 将AP Div转换为表格的对话框

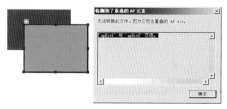

图2-4-39 嵌套层不能转化为表格

图2-4-40 层超出文件位置不能转化为表格

图2-4-41 重叠层不能转化为表格

图2-4-42 用重叠层制作特效图像效果

步骤:

步骤1. 打开文件,选中图像所在的层"AP Div1",然后在层"AP Div1"上绘制一个稍大的层,选中插入工具条中的【布局】标签,单击绘制AP Div 📄 按钮,绘制层"AP Div2"。

步骤2. 选中层"AP Div2",设置层【背景颜色】为#666666并拖拽层"AP Div2"到层"AP Div1"下方。

可以尝试把重叠层的颜色和大小调整成自己喜欢的效果。

② 用行为控制层的显示与隐藏

前边介绍了层的应用,接下来主要介绍行为的应用。首先来学习如何用行为控制层的显示或隐藏,使浏览者将鼠标移动到指定的图像时,显示指定层上的图像,离开后便会恢复原始图像,从而制作层内图像变换的效果。

开启光盘素材,打开练习文件: ..\02\2-4\ 2-4-2-3b.html。

步骤:

步骤1. 开启光盘素材文件,选中图像所在层"AP Div1",在上边再绘制一个和它等大且层坐标位置也一样的新层"AP Div2",将鼠标定位在层中,然后在选择插入工具条中选择【常用】标签,单击图像📷按钮,插入光盘图像素材: .. \02\2-3\images\banner1.jpg,此时两图层完全重合。(图2-4-43)

步骤2. 打开【层】面板,选中层"apDiv1",同时打开【行为】面板(选择【窗口】→【行为】命令),单击添加行为 ➕ 按钮,选择【显示-隐藏元素】命令(图2-4-44),并弹出"显示-隐藏元素"对话框(图2-4-45),设置层"apDiv1"隐藏,层"apDiv2"显示。

图2-4-43 显示图像在层

图2-4-44【显示-隐藏元素】命令

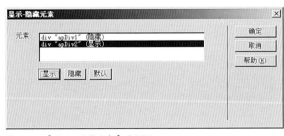

图2-4-45【显示-隐藏元素】对话框

步骤3．选中【行为】面板左侧的"触发事件"，在下拉框中选择"OnMouseover"。（图2-4-46）

步骤4．同理选中层"apDiv2"，在【行为】面板上单击添加行为 ![+] 按钮，选择【显示-隐藏元素】命令，并弹出"显示-隐藏元素"对话框并设置层"apDiv1"显示，层"apDiv2"隐藏，再选中【行为】面板左侧的"触发事件"，在下拉框中选择"OnMouseout"。

步骤5．因为在浏览的时候应该只看到层"apDiv1"，当鼠标经过层"apDiv1"的时候才会显示出层"apDiv2"，当鼠标从层"apDiv2"上离开的时候，层"apDiv2"消失并恢复原来的层"apDiv1"。所以最后在【层】面板上把层"apDiv2"前边的 👁 图标关闭。（注1）（图2-4-47）

③ 使用层制作浮动效果

在网页中浮动的广告一般有两种：一种是随意漂浮的广告，另外一种是像搜狐首页一样，在两侧滚动的广告层。

图2-4-46【行为】面板

图2-4-47 关闭层的"眼睛"图标

注1：有时候为使网页达到动态显示层的效果，通常要将每个层的默认可视属性设为"隐藏"。

任意随机漂浮的层效果的制作

步骤：

步骤1．在Dreamweaver里打开已经做好的要添加浮动层广告的光盘素材文件：..\02\2-4\华通伟业\htwy.html。（图2-4-48）

步骤2．在插入工具条中选择【布局】标签，单击绘制AP Div 📄 按钮创建一个层。

步骤3．设置层的【CSS-P元素】、【高】和【宽】，并将它的背景颜色设置为图2-4-49所示的数值

步骤4．在层中插入表格，按照在表格一节里讲过的知识制作一个细线表格，并添加文字"欢迎光临北京华通伟业科技发展有限公司企业网！"

步骤5．选择文档工具条中的 ⊙代码 按钮，切换到代码编辑模式，在层标签</div>后添加如下代码：<script src="piaodong.js" ></script>。（注1）

步骤6．打开piaodong.js文件，修改第一行中引号内的内容为步骤3里已定义的"图层CSS-P元素名"，并保存该文件。

步骤7．把修改的网页文件保存后打开发现层不断地在页面上浮动。

图2-4-48 华通伟业首页

图2-4-49【属性】面板

注1：这里是调用Piaodong.js文件的代码。这个文件里面是已经写好的JavaScript程序，功能就是使图层随机漂浮。

实训项目

实训名称 — 1. 用表格排版网页，设计一个博客类网站

2. 用层做下拉菜单或漂浮动画

相关规范 — 1. 根据个人的爱好、兴趣和生活上的积累完成个人博客网页的制作。可以参考相关的博客网站进行学习和模仿。用表格来排版，表格要设计合理，不要过多地合并拆分表格

2. 制作一个页面，要用层作一个下拉菜单或用层作一个漂浮动画，二者任选其一

参考样式 — 参考文件地址：..\02\2-4\Example\

小结

本节主要介绍了表格、层的创建、属性设置及应用。表格标签<Table>有许多属性，可以通过Dreamweaver中的属性面板进行修改。

层是一个容器类对象，在其中可以插入文本、图像、表格、表单、其他媒体对象甚至另外一个层对象。利用层的属性可以对这些对象进行精确定位。

Dreamweaver可以方便地进行层和表格之间的互相转换。

习题

一、判断题

1. 表格内部可以嵌套表格。（　　）

2. 设置了表格背景色后，不能设置单元格背景色。（　　）

3. 在【层】面板中，层的名称前如果没有眼睛图标，则表示该层是不可见的。（　　）

4. 如果在层的【首选参数】设置中关闭了"嵌套"功能，则不能创建嵌套层。（　　）

二、填空题

1. 表格【属性】面板中的_____是指表格的内部间距，即单元格的内容与单元格边界（四周）的距离。

2. 打开【层】面板的快捷键是_____。

3. _____的大小指定层的堆栈顺序。当层在页面中出现重叠时，数值大的层显示在数值小的层的上面。

华军软件园网站

刘翔博客网站

五、表单

训练目的 — 通过对表单域和表单对象的讲解和学习，能根据不同的需求，设计出符合个性的表单

课程时间 — 4课时

实训项目 — 1．会员注册表单

2．问卷调查表单

参考资料 — 汾酒集团网站（http://www.fenjiu.com.cn/index.asp）和中森名菜网站（http://www.nakamori-akina.com/contact.asp）。在素材光盘中可以找到源文件学习

所谓网站互动，就是把网页制作的理念由追求网页的动态效果延续到网站与浏览者的互动交流中。如同建立网站后，希望听取各方意见，达到完善网站的目的。这些我们都可以通过表单来解决。如采集访问者的名字、E－mail地址、电话、留言内容、要调查的问题等信息为访客和网站进行管理使用。一个完整的表单包括两个部分：一是描述表单的HTML源代码，二是处理用户在HTML创建的表单中键入信息的服务器端或客户端应用程序。本节主要介绍描述表单的HTML源代码，包括表单域和表单对象两部分。

1．创建表单

要在Dreamweaver中添加表单对象，首先要创建表单域。因为表单域属于不可见元素，所以要想在屏幕上看见并设置表单域就必须激活Dreamweaver的不可见元素特性。激活方法是选择【查看】→【可视化处理】→【不可见元素】命令。

（1）插入表单域

用于申明表单，定义采集数据的范围，也就是＜form＞和＜/form＞里面包含的数据将被提交到服务器或者电子邮件里。

语法：

＜form name="form1" action="url" method="get→post" target="..."＞...＜/form＞

步骤：

步骤1．文档中将插入点放置到需要插入表单域的地方。

步骤2．选择【插入】→【表单】→【表单】命令，或插入工具条中选择【表单】标签，然后单击表单 ▦ 按钮，在文档中插入表单域。

（2）设置表单域属性

选中插入的表单域，这是属性快捷栏。（注1）（图2-5-1）

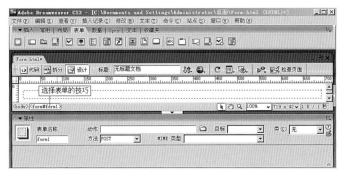

图2-5-1 在页面中插入表单域

注1：可以通过单击代码标签选择器选择表单域

步骤：

步骤1．在【表单名称】（Name该属性用于定义表单域的名称）编辑框中，输入表单域名称。

步骤2．在【动作】（Action该属性用于定义将表单数据发送到哪个地方）编辑框中，输入一个处理表单数据的URL地址，也可以输入"Mail to："指向一个电子邮件地址，还可以直接输入一个URL地址，也可以单击编辑框右边的文件夹按钮来选择文件。

步骤3．在【方法】（Method该属性用于定义编译和发送表单数据的方法）下拉列表框中，选择需要设置表单数据发送的方法。

Get：在递交表单时，用户在表单中填写的数据会附加在Action属性所设置的URL后，形成一个新的URL，然后再递交。服务器端的程序只能从URL中提取用户递交的数据。这时候你可以在地址栏中看到要递交的数据。

Post：在递交表单时，用户在表单中填写的数据包含在表单的主体中，然后一起被传送到服务器上的处理程序中。在递交数据时，地址栏中仅仅显示Action属性中指定的地址，而不包含数据。（注1）

步骤4．在【目标】（Target该属性用于指定提交的结果文档显示的位置）下拉列表框中，选择需要的选项。

_blank：在一个新的浏览器窗口打开目标文件，原来的网页窗口仍然存在。

_parent：将链接的文档加载到该链接所在框架的父框架窗口。如果包含链接的框架不是嵌套框架，则所链接的文档加载到整个浏览器窗口。

_self：将链接的文档载入链接所在的同一框架或窗口。此目标是默认的，所以通常不需要指定它。

_top：将链接的文档载入整个浏览器窗口，从而删除所有框架。

2. 添加表单对象
（1）插入文本域

文本域是一个重要的表单对象，访问者可以在那里输入回应信息。在Dreamweaver中，文本域包括单行文本域、密码域、多行文本域3种。

① 单行文本域、密码域

单行文本域是一种让访问者自己输入内容的表单对象，通常被用来填写单个字或者简短的回答，如姓名、地址等。如：http://www.fenjiu.com.cn/index.asp。

密码域是一种特殊的文本域，用于输入密码。当访问者输入文字时，文字会被星号或其他符号代替，而输入的文字会被隐藏。如http://www.fenjiu.com.cn/index.asp 。（图2-5-2）

图2-5-2 用户名和密码的实际应用图样

注1：使用Get方法，禁止在表单数据中包含非ASCII码的字符，例如"◎"字符等，同时该方法由于将数据附加到URL中，因此它所能处理的数据量受到服务器和浏览器所能处理最大URL长度的限制（默认时是8192个字符长度）。但Post就没有上述两个限制了，所以大多使用Post方法。

语法：

单行文本域 <input type="text" name="..." size="..." maxlength="...">

密码域 <input type="password" name="..." size="..." maxlength="...">

结果文件：.. \02\2-5\2-5-2-1a.html 。

步骤：

步骤1. 在菜单上选择【插入记录】→【表单】→【表单】命令，或插入工具条中选择【表单】标签，然后单击表单 ▥ 按钮，在文档中插入表单域。

步骤2. 将插入点放置在表单域中。

步骤3. 选择【插入记录】→【表单】→【文本域】命令，或插入工具栏中选择【表单】标签，然后单击文本字段 ▭ 按钮，在文档中插入一个文本域。（图2-5-3）

设置文本域的属性：

【文本域】（Name）定义文本域的名称，要保证数据的准确采集，必须定义一个独一无二的名称。

【字符宽度】（Size）属性定义文本域的宽度，单位是单个字符宽度。

【最多字符数】（Max Length）属性定义最多输入的字符数。

【初始值】（Value）属性定义文本域的初始值。

【类】（Type）定义单行文本域的类型。选择【单行】创建的是单行文本域，选择【密码】创建的是密码域。

② 多行文本域

多行文本域是一种让访问者自己输入内容的表单对象，只不过能让访问者填写较长的内容。通常被用在留言内容或备注等一些需要填写较多内容的表单中。如：http://www.fenjiu.com.cn/docc/service/order.asp中其他要求那块。

语法：

<textarea name="..." cols="..." rows="..." wrap="virtual"></textarea>

结果文件：.. \02\2-5\2-5-2-1b.html 。

步骤：

步骤1. 在菜单上选择【插入记录】→【表单】→【表单】命令，或插入工具条中选择【表单】标签，然后单击表单 ▥ 按钮，在文档中插入表单域。

步骤2. 将插入点放置在表单域中。

步骤3. 选择【插入】→【表单】→【文本区域】命令，或插入工具条中选择【表单】标

图2-5-3 在表单域中插入单行文本域

签，然后单击文本区域 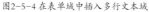 按钮，在文档中插入一个文本区域，设置参数如图2-5-4所示。

设置文本区域的属性：

【文本域】（Name）定义多行文本域的名称，要保证数据的准确采集，必须定义一个独一无二的名称。

【字符宽度】（Cols）属性定义多行文本框的宽度。

【行数】（Rows）属性定义多行文本框的行数即高度。

【初始值】（Value）属性定义多行文本域的初始值。

【换行】（Wrap）属性定义输入内容大于文本域时显示的方式，可选值如下：

A. 默认值是文本自动换行：当输入内容超过文本域的右边界时会自动转到下一行，而数据在被提交处理时自动换行的地方不会有换行符出现。

B. 【关】（Off）用来避免文本换行，当输入的内容超过文本域右边界时，文本将向左滚动，必须用回车键才能将插入点移到下一行。

C. 【虚拟】（Virtual）允许文本自动换行。当输入内容超过文本域的右边界时会自动转到下一行，而数据在被提交处理时自动换行的地方不会有换行符出现。

D. 【实体】（Physical）使文本换行，当数据被提交处理时换行符也将被一起提交处理。

（2）插入隐藏域

隐藏域是用来收集或发送信息的不可见元素，对于网页的访问者来说，隐藏域是看不见的。当表单被提交时，隐藏域就会将信息用你设置时定义的名称和值发送到服务器上。

语法：

`<input type="hidden" name="..." value="...">`

结果文件：.. \02\2-5\2-5-2-2.html 。

步骤：

步骤1. 将插入点放置在表单域中。（注1）

步骤2. 选择【插入记录】→【表单】→【隐藏域】命令，或插入工具栏中选择【表单】标签，然后单击隐藏域 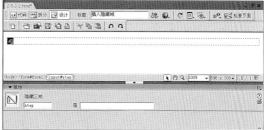 按钮，在文档中插入一个隐藏域。（图2-5-5）

步骤3. 设置隐藏域的属性。

【隐藏区域】（Name）定义隐藏域的名称，要保证数据的准确采集，必须定义一个独一无二的名称。

【值】（Value）属性定义隐藏域的值。

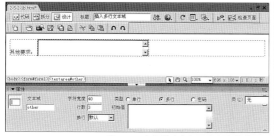

图2-5-4 在表单域中插入多行文本域

图2-5-5 在表单域中插入隐藏域

注1：因为隐藏域在前台是看不到的，所以放的位置不重要，只要在表单域中就行。

（3）插入复选框

复选框允许在待选项中选中一项以上的选项。每个复选框都是一个独立的元素，都必须有一个唯一的名称。

语法：

<input type="checkbox" name="..." value="...">

结果文件：.. \02\2-5\2-5-2-3.html 。

步骤：

步骤1．将插入点放置在表单域中需要插入复选框的地方。

步骤2．选择【插入记录】→【表单】→【复选框】命令，或在插入工具栏中选择【表单】标签，然后单击复选框 ☑ 按钮，在文档中插入一个复选框。（图2-5-6）

步骤3．设置复选框的属性。

【复选框名称】（Name）属性定义复选框的名称。如图中六个复选框都是一个问题的答案，可以把这种情况理解为复选框组，它们的名称应该一样，但不是一个问题的话名称绝对不能一样。

【选定值】（Value）属性定义复选框的值。在同一组中，它们的值必须是不同的。

【初始状态】（Checked）属性定义复选框的初始状态是否被选中。

（4）插入单选框

当需要访问者在待选项中选择唯一的答案时，就需要用到单选框了。

语法：

<input type="radio" name="..." value="...">

结果文件：.. \02\2-5\2-5-2-4.html 。

步骤：

步骤1．插入点放置在表单域中需要插入单选框的地方。

步骤2．选择【插入记录】→【表单】→【单选按钮】命令，或插入工具条中选择【表单】标签，然后单击单选框 ◉ 按钮，在文档中插入一个单选框。（图2-5-7）

步骤3．选择插入的单选框，这时属性快捷栏如图2-5-7所示。

步骤4．设置单选框的属性，单选框的属性和复选框相同。

图2-5-6 在表单域中插入复选框

（5）插入文件上传框

有时候，需要用户上传自己的文件，文件上传框看上去和其他文本域差不多，只是它还包含了一个浏览按钮。访问者可以通过输入需要上传的文件的路径或者单击浏览按钮，选择需要上传的文件。（注1）

语法：

〈 input type="file" name="..." size="15" maxlength="100" 〉

结果文件：.. \02\2-5\2-5-2-5.html 。

步骤：

步骤1．将插入点放置在表单域中需要插入文件上传框的地方。

步骤2．选择【插入记录】→【表单】→【文件域】命令，或插入工具条中选择【表单】标签，然后单击文件域 🔳 按钮，在文档中插入一个文件上传框。（图2-5-8）

步骤3．设置单选框的属性：

【文件域名称】（Name）属性定义文件上传框的名称，要保证数据的准确采集，必须定义一个独一无二的名称。

【字符宽度】（Size）属性定义文件上传框的宽度，单位是单个字符宽度。

【最多字符数】（Max Length）属性定义最多输入的字符数。

（6）插入下拉选择框

在有限的空间内为用户提供多个选择项，可以使用下拉选择框。

语法：

〈 select name="..." size="..." multiple 〉

〈 option value="..." selected 〉...〈/option 〉

…

〈/select 〉

结果文件：.. \02\2-5\2-5-2-6.html 。

步骤：

步骤1．将插入点放置在表单域中需要插入下拉选择框的地方。

步骤2．选择【插入记录】→【表单】→【列表/菜单】命令，或插入工具条中选择【表

图2-5-7 在表单域中插入单选框

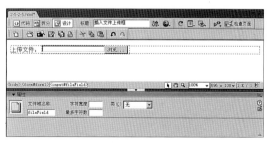

图2-5-8 在表单域中插入文件上传框

注1：在使用文件域以前，请先确定你的服务器是否允许匿名上传文件。表单标签中必须设置encitype="multipart/form-data"来确保文件被正确编码；另外，表单的传送方式必须设置成Post。

单】标签，然后单击列表/菜单 ▤ 按钮，在文档中插入一个下拉选择框。（图2-5-9）

步骤3．设置单选框的属性：

【列表/菜单】（Name）属性定义下拉选择框的名称，要保证数据的准确采集，必须定义一个独一无二的名称。

【类型】分为【菜单】和【列表】两种。

菜单选项是单行显示的，不能设置高度和选定范围（只能是单选）这两个参数。

列表选项可以设置高度和选定范围这两个参数，它可以是多选。

单击【列表值】按钮打开列表值对话框。（图2-5-10）在【列表值】对话框的项目标签列中，显示了具体的列表选项；在值列中，显示了每个选项对应的值，这些值可参与脚本或程序的运算。单击按钮 ➕，可以添加新的项目；单击按钮 ➖，可以删除选中的项目；单击 ▲ ▼ 两个按钮可以改变项目的顺序，设置结果如图2-5-11所示。

（7）插入按钮

表单按钮用于控制对表单的操作。例如，当用户输入完表单数据后，可以单击表单按钮，将其提交给服务器处理；如果对输入的数据不满意，需要重新设置时，可以单击表单按钮，重新输入。用户也可以使用表单按钮执行其他任务。

①普通按钮

普通按钮又分为"提交表单按钮"、"重置表单按钮"和"无效果按钮"三种。

语法：

< input type="button" name="..." value="..." onClick="..." > 提交表单按钮。

< input type="reset " name="..." value="..." onClick="..." > 重置表单按钮。

< input type=" button " name="..." value="..." onClick="..." > 无效果按钮。

结果文件：.. \02\2-5\2-5-2-7.html 。

图2-5-9 在表单域中插入下拉选择框

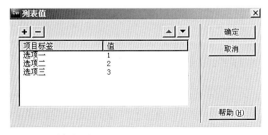

图2-5-10 列表值编辑区

步骤：

步骤1．将插入点置于表单域中需要插入按钮的地方。

步骤2．选择【插入记录】→【表单】→【按钮】命令，或插入工具栏中选择【表单】标签，然后单击 🖳 按钮，在文档中插入一个按钮。（图2-5-12）

步骤3．设置按钮的属性。

A．【按钮名称】（Name）属性定义按钮的名称。

B．【值】（Value）属性定义按钮上的文本内容。

C．【动作】（Action）选择按钮的行为，即按钮的类型。包括：

a．【提交表单】选中该项，表明将当前按钮设置为一个提交类型的按钮，通常单击该按钮，可以将表单内容提交给服务器进行处理。

b．【重设表单】选中该项，表明将当前按钮设置为一个复位类型的按钮。通常单击该按钮，可以将表单中的所有内容都恢复为默认的初始值。

c．【无】则不对当前按钮设置行为。用户可以将按钮与一个脚本或应用程序相关联，当单击按钮时，它会自动执行相应的脚本或程序。

②图片按钮

为美化页面效果，可以使用图像域实现图像类型的提交按钮。

语法：

< input name="imagefield" type="image" src="…" />

结果文件：.. \02\2-5\2-5-2-8.html 。

图2-5-11 设置完毕后的列表项

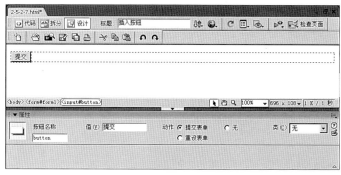

图2-5-12 在表单域中插入按钮

步骤:

步骤1. 将插入点置于表单域中需要插入按钮的地方。

步骤2. 选择【插入记录】→【表单】→【图像域】命令,或插入工具条中选择【表单】标签,然后单击图像域 ▣ 按钮,选择 "02\2-5\images\index_39.gif" 图片点【确定】,在文档中插入一个图片按钮。(图2-5-13)

步骤3. 设置图片按钮的属性。

【图像区域】(Name)属性定义图片按钮的名称。

【源文件】定义图片按钮的路径。

【替换】定义图片的替换文字,当浏览器不显示图片时,将显示所替换的文字。

【对齐】用来定义图片的对齐方式。

3. 表单的实际案例

我们以(http://www.nakamori-akina.com/book.asp)为例,下面制作在线服务的表单。参考文件可见光盘素材: .. \02\2-5\中森名菜\index.htm页面。

结果文件: .. \02\2-5\2-5-3.html 。

步骤:

步骤1. 新建HTML文档,在页面的中间部分插入表单,【表单名称】为form1,【方法】为Post,【动作】处输入Save.asp。此处的文件名为处理表单的文件,可根据自己的需求进行修改。可输入也可单击后边的文件夹浏览选择。

步骤2. 利用以前学过的表格和文字的知识在form1表单域中制作一个表格。(图2-5-14)

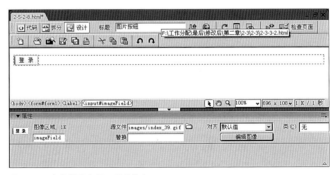

图2-5-13 在表单域中插入图片按钮

图2-5-14 在表单域中插入表格及文字

步骤3. 在姓名处右侧的单元格里，插入单行文本框。【文本域】名称为姓名，【字符宽度】为40像素。（图2-5-15）

步骤4. 在E-mail处右侧的单元格里插入单行文本框，【文本域】名称为E-mail，【字符宽度】为40像素。

步骤5. 分别在电话号码、地点和人数处右侧的单元格里插入单行文本框，【文本域】名称分别为电话号码、地点和人数，【字符宽度】都设置为40像素。

步骤6. 在留座日期（年/月/日）处依次插入列表、菜单项。在名称处分别命名为留座日期——年、留座日期——月和留座日期——日，并都在【类型】处选择菜单。分别设置年、月、日的初始值。

步骤7. 同理设置留座时间（时/分）。

步骤8. 在特别要求处右侧的单元格里插入多行文本框。【文本域】名称为特别要求，【字符宽度】为40像素，【类型】为多行，【行数】为6。

步骤9. 最后一行插入提交按钮和重置按钮。按钮名称分别为"Submit"和"Submit0"，【值】分别为提交和重填，【动作】分别为【提交表单】和【重设表单】。（图2-5-16）

至此一个在线服务的表单就制作完成了，当然，根据需求不同，所添加的表单对象具体情况都是不一样的，可以根据网站的不同需求完成设计。

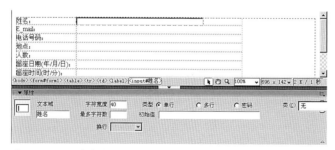

图2-5-15 设置文本域属性

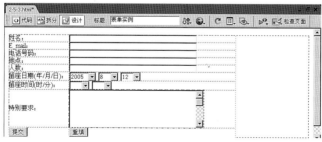

图2-5-16 在线服务表单制作完毕

实训项目

实训名称 — 1. 会员注册表单

　　　　　2. 问卷调查表单

相关规范 — 1. 制作一个至少包含用户名、密码、确认密码、电子邮件的会员注册页面。可根据自己设计需求添加其他注册信息

　　　　　2. 根据自己的理解制作一个电视收视率的问卷调查表，要求中间必须含有单选框和复选框

实例参考 — 参考文件地址：..\02\2-5\Example\

小结

通过本节的学习，主要掌握网页中表单的创建方法。所有的表单对象都应放在表单域内才有效，表单对象主要包括文本框、密码框、多行文本框、隐藏域、单选框、复选框、文件上传框、下拉选择框和按钮等。一个表单域中除单选框组和复选框组可以用相同的名称外其他所有表单对象的名称都不能一样。

习题

一、判断题

1. 在一个网页中是否可以同时有两个或两个以上的表单域。（　　）

2. 在一个单选框组中它们的名称必须相同。（　　）

3. 在一个多选框组中它们的值可以相同。（　　）

4. 隐藏域的作用是注释，在表单中不起作用。（　　）

5. 在一个表单域中可以插入多个按钮。（　　）

二、填空题

1. 设置表单的属性时，【动作】文本框里输入的信息代表_____。

2. 设置表单的属性时，【方法】中_____表示用户在表单中填写的数据会附加在Action属性所设置的URL后，形成一个新的URL，然后再递交。

3. 文本域中【字符宽度】代表_____而【最多字符数】代表_____。

4. Dreamweaver中按钮的三个状态分别是_____、_____、_____。

九城网站会员注册

问卷调查实例

六、CSS样式表文件

训练目的 —— CSS是一种制作网页的新技术，通常使用CSS可以简化和美化我们的网站。通过实例介绍和详细学习，使它为网页设计发挥更强的优势

课程时间 —— 12课时

实训项目 —— 1. 使用CSS样式表设置网页背景

2. 使用CSS个性表单按钮

1. 认识CSS样式表

CSS是Cascading Style Sheets的简称，中文译作层叠样式表。你可能对CSS这个名词比较陌生，实际上用IE在网上冲浪，几乎随时都在与CSS打交道。用好CSS可以简化网页格式代码，加快下载显示速度，也能减少需要上传的代码数量，大大降低计算机的工作量。这就是制作同样的网页，有的人做出来有几十KB，而高手做出来只有十几KB，CSS在其中的作用是不可低估的。

CSS样式在很大程度上弥补了HTML语言的不足，与HTML样式相比，使用CSS样式可以更好地链接外部多个文档，当CSS样式被更新时，所有使用CSS样式的文档也会随着自动更新。

例如要管理一个非常大的网站（如：http://www.sina.com.cn），使用CSS样式，可以快速格式化整个站点或多个文档中的字体等格式。并且，CSS样式可以控制多种不能使用HTML样式控制的属性。

CSS样式的好处是：不仅可以控制文字、尺寸、对齐，还可指定布局、特殊效果、鼠标滑过等属性。在设置CSS 样式后，只要通过修改一个文件，就可以改变一批网页的外观和格式。

2. 新建CSS样式表

（1）新建CSS样式

CSS样式一般分为内部样式表文件和外部样式表文件两种类型。内部样式表文件只对当前文档起作用。外部样式表文件则保存在外部且可以链接到当前文档中。外部样式应用于多个文档，且生成专门的 ".css" 文件。

CSS样式最大的优点是它的自动更新功能。当应用了CSS样式后，如果不满意，仅修改CSS样式即可更改所有的应用。

结果文件：.. \02\2-6\2-6-1.html 。

步骤：

步骤1．在Dreamweaver中，选择【窗口】→【CSS样式】命令，或用快捷键 "Shift+F11" 打开【CSS样式】面板。（图2-6-1）

图2-6-1 打开【CSS 样式】面板

步骤2．单击【CSS样式】面板右下角的新建CSS规则 ￥ 按钮，打开如图2-6-2所示的"新建CSS规则"对话框并在【名称】处取名为【hei】。（注1）

步骤3．选择CSS样式类型：

【类】（可应用于任何标签）：生成一个新的样式。制作完毕以后，就可以在样式面板中看到制作完成的样式。在应用的时候，首先在页面中选中对象，然后选择样式即可。要注意的是，类名称必须以英文句点开头，并且可以包含任何字母和数字组合，例如："．css1"。如果没有输入开头的英文句点，Dreamweaver将自动输入。

【标签】（重新定义特定标签的外观）：将现有的HTML标签附上样式，因此制作完毕以后不需要选中对象就可以直接应用到页面中去。

【高级】（ID、上下文选择器等）：为具体某个标签组合或所有包含特定ID属性的标签定义格式。在【选择器】文本框中输入一个或多个HTML标签，或从弹出式菜单中选择一个标签，弹出式菜单中提供的标签包括a: active 、a: hover、a: link和a: visited。

_ a: active：超链接文本被激活时的显示样式。

_ a: hover：鼠标移到超链接文本上时的显示样式。

_ a: link：正常的未被访问过的超链接文本的显示样式。

_ a: visited：被访问过超链接文本的显示样式。

【名称】：输入样式的名称。

【定义】：有两个选项，一个是定义一个外部链接的CSS，一个仅应用于当前文档的CSS。

若要在当前文档中嵌入样式，可选择【仅对该文档】单选按钮；若要创建外部链接样式表，可选择【新建样式表文件】。这里我们勾选【仅对该文档】。

步骤4．单击【确定】按钮，出现CSS样式定义对话框。（图2-6-3）

步骤5．设置相应的属性，单击【确定】按钮，【CSS样式】创建完成。通常在设置正常大小文字的时候，我们选择像素单位，设置文字大小为12像素，如果选择点为单位时，可设置文字大小为9点。并且我们会在【CSS样式】面板中看到刚才定义的样式【.hei】。（注2）（图2-6-4）

图2-6-2 "新建CSS规则"对话框

图2-6-3 CSS样式定义对话框

注1：点选【类】之后，我们要在【名称】后定义类名称。此类名称必须以"．"开头，且以英文或数字输入为好。这种方式定义的样式可以把它附给绝大多数的HTML对象，这样可以使这些对象有统一的外观。

注2：如果你定义的样式只对当前文档表效的话，可到代码窗口中看到，实质上是在<head>与</head>之间的<title></title>下边加了一段这样的代码：

```
"<style type="text/css">
<!--
.hei {
        font-family: "宋体";
        font-size: 12px;
        color: #000000;
        text-decoration: none;
}
-->
</style>"
```

（2）套用CSS样式

套用样式就是把样式应用到页面中，CSS样式代码块如图2-6-5所示。

结果文件：..\02\2-6\2-6-2.html 。

①方法一

步骤：

步骤1．在Dreamweaver设计状态选择要套用样式的内容，可以选择一段文字也可以选择一个表格或单元格。

步骤2．开启光盘素材文件：..\02\2-6\2-6-2.html页面，选中文字并单击鼠标右键，选择【CSS样式】→【hei】命令即可。（注1）（图2-6-6）

②方法二

步骤：

步骤1．如果要设置段落格式，可以将插入点放置于段落之中；如果要设置多个段落格式，则需要选中这些段落；如果要设置文本格式，则需要选中这些文本。

步骤2．在【CSS样式】面板中，选择某个样式。

步骤3．单击鼠标右键，选择【套用】命令，也可打开面板菜单，然后选择【套用】命令。（图2-6-7）

（3）编辑CSS样式

编辑样式，可以修改当前文档或外部样式表中的任何样式。

步骤：

步骤1．打开【CSS样式】面板，选中要编辑的样式。

步骤2．单击【CSS样式】面板右下角的编辑样式 ✎ 按钮，或是从面板右上角 ☰ 按钮，选择【编辑】命令，打开编辑样式对话框。（图2-6-8）

步骤3．在对话框中进行修改，修改完毕，单击【确定】按钮即可。

图2-6-4 CSS样式创建
完成。

图2-6-5 代码块

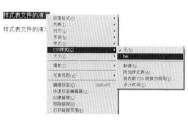

图2-6-6套用样式

图2-6-7单击鼠标右键，选择【套用】命令

图2-6-8 编辑样式对话框

注1："新建CSS规则"中【标签】和【高级】样式不需要套用，只有【类】样式才需要套用。

（4）删除CSS样式

删除【CSS样式】面板中的所选样式，即应用该样式的所有元素样式都将消失掉。

步骤：

步骤1. 在【CSS样式】面板中，选中要删除的样式。

步骤2. 单击【CSS样式】面板右下角的删除CSS规则 🗑 按钮，或是从面板菜单中选择【删除】命令。

步骤3. 这时样式即被删除，同时从样式列表中消失。

（5）CSS样式参数

熟悉CSS的各种属性，将会使用户编辑页面时更加得心应手。

①类型面板

使用样式定义的类型面板可以定义样式的基本类型。（图2-6-9）

【字体】指定文本的字体。设置时最好选择常用字体，否则有些浏览器无法正常显示。

【大小】设置文字尺寸。常用尺寸为像素，数值可以在下拉列表中选择，也可以直接输入，直接输入的数值大小没有限制。（注1）

【样式】设置字体的风格。选项包括正常、斜体及倾斜体。

【行高】设置文本所在处的行高。选择正常将自动计算字体的行高，否则可以输入一个精确值并选择其计算单位。

【修饰】设置链接文本的显示状态。选项包括下划线、上划线、删除线、闪烁和无，默认设置是下划线。

【粗细】设置字体的粗细效果。选项包括正常、粗体、特粗体、细体等9种像素选择。

【变体】设置字母类文本。选项包括正常和小型大写字母。

【大小写】设置字母的大小写。选项包括首字母的大写、大写、小写和无。

【颜色】设定文本颜色。

②背景面板

使用背景面板可以定义样式的背景。（图2-6-10）

【背景颜色】设置元素的背景颜色。

【背景图像】设置元素的背景图像。

【重复】当背景图像不足以填满页面时，决定是否重复和如何重复背景图像，共有4个选项：

重复：在纵向和横向平铺图像。

不重复：在文本的起始位置显示一次图像。

图2-6-9 定义样式的基本类型

图2-6-10 使用背景面板可以定义样式的背景

注1：一般网页中看到的正文的字体大小设置是12像素或9点数。

横向重复：横向进行图像平铺。

纵向重复：纵向进行图像平铺。

【附件】决定背景图像是在起始位置固定不动，还是同内容一起滚动。

固定：文字滚动时，背景图像保持不动。

滚动：背景图像随文字的滚动而滚动。

【水平位置】指定最初背景图像相对于文档窗口的水平位置。

【垂直位置】指定最初背景图像相对于文档窗口的垂直位置。

【区块】使用【区块】面板可以定义样式的空格和对齐方式。（图2-6-11）

【单词间距】在文字之间添加空格。单词间距选项会受到页边距调整的影响，可以指定负值，但是其显示取决于浏览器。

【字母间距】设置文字之间或是字母之间的间距，它可以覆盖由于调整页边距而产生的字母间多余的空格。

【垂直对齐】控制文字或图像相对于其字母元素的垂直位置。（注1）

【文本对齐】设置元素中的文本对齐方式。

【文字缩进】决定首行缩进的距离。指定为负值时则等于创建了文本凸出，但是其显示取决于浏览器。（注2）

【空格】决定如何处理元素内容的白色空格，有3个选项：

正常：折叠白色空格。

保留：将所有白色空格（包括空格、跳格和回车符等）都作为文本用PRE标签包围起来。

不换行：指定文本只有在碰到
标签时才换行。（注3）

【显示】指定是否，以及如何显示元素。

图2-6-11 定义样式的空格和对齐方式

③方框

使用【方框】面板可以定义样式设置以控制页面上的元素布局。（图2-6-12）

【宽高】决定元素的大小尺寸。（注4）

【填充】定义元素内容和边框（如果没有边框则为边缘）及其他元素之间的空间大小。

【浮动】移动元素（但是页面不移动）并将其放置在页面边缘的左侧或右侧。其他环绕移动元素则保持正常。（注5）

【清除】定义元素的哪一边不允许有层。如果层出现在被清除的那一边，则元素（设置了清除属性的）将移动到层的下面。（注6）

图2-6-12 定义样式设置以控制页面上的元素布局

【边界】定义元素边框（如果没有边框则为填充）和其他元素之间的空间大小。（注7）

注1：只有在被应用于IMG标签时，Dreamweaver才会在文档窗口中显示此属性。

注2：只有当标签应用于文本块元素时，Dreamweaver的文档窗口中才会显示该属性。

注3：Dreamweaver 的文档窗口中不会显示该属性。

注4：只有在被应用于图像或层时，Dreamweaver的文档窗口中才会显示该属性。

注5：只有在被应用于IMG标签时，Dreamweaver的文档窗口才会显示该属性。

注6：只有在被应用于IMG标签时，Dreamweaver的文档窗口才会显示该属性。

注7：只有在被应用于文本块一类的元素(例如段落、标题、列表等)时，Dreamweaver的文档窗口中才会显示该属性。

【边框】使用边框面板可以定义样式设置以控制围绕元素的边框。（图2-6-13）

【样式】决定边框样式，但其显示取决于浏览器。（注1）

【宽度】设置元素边框的粗细，其下拉列表分别列出下列各值。

细：细边框。

中：中等粗细边框。

粗：粗边框。

值：设置具体的边框粗细值。

【颜色】设置边框对应位置的颜色。可以分开设置边框每条边的颜色，但是显示则取决于浏览器。

【列表】使用列表面板可以定义样式的类型、项目符号图像和位置对齐方式。（图2-6-14）

【类型】决定项目符号或编号的外观。

【项目符号图像】允许指定项目符号的自定义图像，既可以直接输入文件名（必要时可以包含路径），也可以单击【浏览】按钮选择一幅图像。

【位置】决定列表项换行时是缩进还是边缘对齐。缩进时选外选项，边缘对齐时则选内选项。

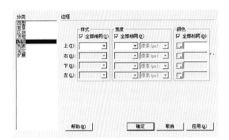

图2-6-13 定义样式设置以控制围绕元素的边框

图2-6-14 定义样式里的列表项

图2-6-15 定义样式里的定位项

④定位

使用样式定义的【定位】面板可改变选定文本的标签或文本块，文本块变为新层，并且使用在层参数中设置的默认标签。除非改变了定义层的设置，否则Dreamweaver将使用DIV标签。（图2-6-15）

【类型】决定浏览器定位层的方式。

【绝对】使用在位置框中输入的相对于页面左上角的坐标放置层。

【相对】同样使用在位置框中输入的坐标放置层，但是该坐标相对的是在文档中的对象位置。本选项不会显示在文档窗口中。

【静态】将层定位在文本自身的位置。

【定位】指定层的位置和大小。浏览器将按类型中的设置来决定如何解释该位置，可看上面的【类型】选项。

【显示】决定层的初始显示状态。如果没有指定本属性，则在默认状态下，大多数浏览器将继承其上一级的值。

【继承】继承层的上一级的可见性属性。

【可见】显示层的内容而不考虑其上级值。

【隐藏】隐藏层的内容而不考虑其上级值。

【Z 轴】决定层的叠放次序，编号高的层显示在编号低的层之上，其值可以为正数也可以为负数。

【溢出】决定在层的内容超出其大小时的处理方式，本选项仅适合于层叠样式表（CSS）。

【可见】扩展层的大小使其所有内容均可见，层向右下方扩展。

【隐藏】保持层的大小，剪切其超出部分，没有滚动条。

注1：Dreamweaver的文档窗口中不会显示该属性，该选项可以设置边框的每条边的样式。

【滚动】不论内容是否超出层的大小均为层添加滚动条，本选项不会在文档窗口中显示，并且只有在支持滚动条的浏览器中才有效。

【自动】只有在内容超出层的边界时才出现滚动条，本选项不会在文档中出现。

【剪辑】定义层的可见部分。如果指定了剪切区域，则可以使用脚本语言（例如JavaScript）读取该区域并操作其属性以创建特殊效果，例如擦除效果。

⑤扩展

使用【扩展】面板，可以对自定义功能进行扩展，但现在大多数的浏览器尚不支持。（图2-6-16）

【分页】当打印到由样式所控制的对象时强行换页。（IE4.0版本的浏览器不支持本选项，但比IE4.0更高版本的浏览器可以支持）

【光标】当鼠标指针停留在由样式所控制的对象之上时，改变指针的图像。

【过滤器】对由样式控制的对象应用特殊效果，包括模糊和反转。从弹出的菜单中可以选择一种效果。只有IE4.0及其以上的版本才支持该属性。

3. 链接外部CSS样式表

如果已经有现成的CSS样式表（很多CSS样式表可以通过网络下载获得，或者自己已经使用过的样式表文件），那么可以通过链接外部样式表的方法，将CSS样式表附加在你的网页上，这样就可以直接为网页对象套用CSS样式。

链接外部样式表的方法如下：

结果文件：.. \02\2-6\2-6-2.html 。

步骤：

步骤1. 单击【CSS样式】面板右下角的附加样式表 按钮，此时将出现"链接外部样式表"对话框。（图2-6-17）

步骤2. 选择要链接或导入到当前文档中的外部样式表文件（链接外部样式表的代码和仅对当前文档的样式代码是有区别的，如图2-6-18所示）。

步骤3. 单击【确定】按钮即可。（注1）

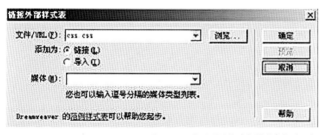

图2-6-17 出现"链接外部样式表"对话框

图2-6-16 可以对自定义功能进行扩展

```
3  <head>
4  <meta http-equiv="Content-Type" content="text/html; charset=utf-8" />
5  <title>套用CSS</title>
6  <link href="css.css" rel="stylesheet" type="text/css" />
7  </head>
```

图2-6-18 链接外部样式表代码

图2-6-19 横线样式的输入框

注1：链接了CSS样式文件就可以套用了，套用方法和上面讲的套用方法一样。这时我们也可以在代码窗口中看到，链接外部样式表的代码和仅对当前文档的样式代码是有区别的。链接外部CSS样式文件的HTM代码是"<link href="css.css" rel="stylesheet" type="text/css" />"。（图2-6-18）

4.CSS样式表实例

（1） 横线样式的输入框

在网上常常看见一些注册表单的输入框部分并不是常见的矩形框形状，而是一条细线，很多人对此很感兴趣（图2-6-19）。要实现这样的效果并不困难，我们只要用一段简短的CSS代码控制表单输入框的样式即可。它主要运用了【边框】的样式控制，将【左】、【上】、【右】边框设置为None，只剩下【下】边框即可。

结果文件：.. \02\2-6\2-6-3.html 。

步骤：

步骤1. 新建HTML文档，插入一个单行文本框。

步骤2. 新建一个名为".hxsrk"的自定义样式，把它定义在仅对该文档。（注1）（图2-6-20）

步骤3. 单击【确定】按钮，出现".hxsrk的CSS 样式定义"对话框，分类选择边框。

步骤4. 设置属性，单击【确定】按钮，"hxsrk"这个CSS样式就创建完成。（图2-6-21）我们在【CSS 样式】中可以看到".hxsrk"这个样式。

步骤5. 选中单行文本框，在【CSS样式】面板里的【.hxsrk】样式上右键单击【套用】即可。（图2-6-22）

（2） CSS鼠标特效

我们在看一些网站时，发现访问该网站的鼠标很独特，显得特别个性。其实它是运用样式【扩展】→【视觉效果】→【光标】命令制作的。

结果文件：.. \02\2-6\2-6-4.html 。

步骤：

步骤1. 新建HTML文档，如文件"2-6-4.html"。插入一个表格，并在表格内插入一行带链接的文字，同时把光盘文件夹.. \02\2-6\里的文件hover.cur和文件normal.cur复制到当前文档同级目录下。

步骤2. 选择【窗口】→【CSS样式】命令，单击【CSS样式】面板右下角的新建CSS规则 按钮，在系统自动弹出的"新建CSS样式"对话框中依次做如下设置：

图2-6-20 定义在仅对该文档

图2-6-22 套用样式后的结果

图2-6-21 设置样式里的边框属性

注1：这里的样式名称可以自己定义。

图2-6-23 在【光标】下拉框中输入URL('normal.cur')

【选择器类型】选择【标签】（重新定义特定标签的外观）单选按钮。

【标签】下拉列表中选择body（body是用来定义<body>内信息样式）。

【定义在】中勾选【仅对该文档】选项。

步骤3．在设置好上述参数以后，单击【确定】按钮，系统会弹出"body的CSS样式定义"对话框。在【分类】列表框中选择【扩展】，在【光标】下拉框中输入"normal.cur"（图2-6-23）。单击【确定】按钮，关闭该对话框，即完成了页面中鼠标样式的变化。（注1）

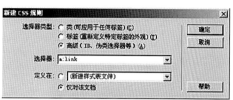

图2-6-24 编辑文字鼠标状态并选择"a:link"

步骤4．单击【CSS样式】面板右下角的新建CSS规则 ＋ 按钮，在系统自动弹出的"新建CSS样式"对话框中依次做如下设置。（图2-6-24）

步骤5．在设置好上述参数以后，单击【确定】按钮，系统会弹出"a:link 的CSS样式定义"对话框，设置如图2-6-25所示。单击【确定】按钮，关闭该对话框，即完成了正常的未被访问过的超链接文本的样式设置。

图2-6-25 "a:link" 的CSS 样式定义对话框

步骤6．同样的方法在【选择器】中选择"a:visited"并在弹出的"a:link 的CSS 样式定义"对话框中设置"a:visited"的【字体】、【大小】、【颜色】及【修饰】，设置如图2-6-26所示。

图2-6-26 对话框中设置"a:visited"

步骤7．同样的方法依次在【选择器】中选择"a:hover"并在弹出的"a:hover 的CSS样式定义"对话框中设置"a:hover"的【字体】、【大小】、【颜色】、【修饰】。（图2-6-27）在【光标】处输入"hover.cur"。（图2-6-28）

步骤8．保存文件，按下"F12"键就可以看到效果了。

图2-6-27 对话框中设置"a:visited"

（3）用CSS定义表格

网页中经常使用CSS定义表格，以表格的边线显示来美化网页,我们会看一个用CSS定义表格的网页实例。（图2-6-29）

结果文件: .. \02\2-6\2-6-5.html 。

步骤:

步骤1．新建HTML文档，并插入表格。

步骤2．选择【窗口】→【CSS样式】命令，单击【CSS样式】面板右下角的新建CSS规则 ＋ 按钮，打开新建样式对话框并在【名称】处取名为".dybg"。（图2-6-30）

图2-6-28 对话框中设置"鼠标样式"

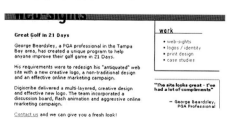

图2-6-29 网页实例

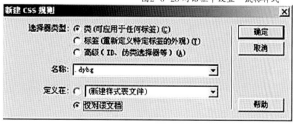

图2-6-30 打开所示的新建样式对话框

注1：这个属性可以选择系统自带的鼠标效果也可以使用url参数调用自定义的鼠标效果。URL参数中的内容必须为鼠标文件相对或绝对路径，做相对路径时一定要把鼠标文件放置在站点目录内。

图2-6-31 选择【边框】并进行如下设置

图2-6-32 选择【设置类】→【dybg】

图2-6-33 下拉框中选择【dybg】

图2-6-34 CSS滤镜处理过的文字效果

图2-6-35 新建样式对话框

图2-6-36 类型属性设置

图2-6-37 CSS滤镜属性设置

步骤3．单击【确定】按钮后，在弹出的".dybg CSS规则定义"对话框中，选择【边框】并进行如图2-6-31所示的设置。

步骤4．单击【确定】按钮后，选择该表格，在标签选择器中的【<table>】标签上单击右键，选择【CSS样式】→【dybg】即可（图2-6-32）。或直接在【属性】面板中的【类】的下拉框中选择【dybg】。（图2-6-33）

步骤5．应用样式后的表格，就呈现出了右边框和下边框的显示。

（4）使用CSS滤镜

我们首先先看一下使用了CSS滤镜处理过的文字效果（图2-6-34），可以看到使用了CSS滤镜处理过的文字，看起来立体感很强。下面详细介绍制作方法：

结果文件：..\02\2-6\2-6-6.html

步骤：

步骤1．新建HTML文档，并随意输入文字。

步骤2．选择【窗口】→【CSS样式】命令，单击【CSS 样式】面板右下角的新建CSS规则 按钮，打开如图2-6-35所示的新建样式对话框并在【名称】处取名为".ljwz"。

步骤3．单击【确定】按钮后，在弹出的".ljwz的CSS规则定义"对话框中，进行如下设置。（图2-6-36）

步骤4．设置完字体后，就该设置CSS滤镜的属性了。（图2-6-37）选择扩展，在扩展中的过滤器属性中输入如下代码："DropShadow（Color=#e3e3e3,OffX=1,OffY=1,Positive=1）"，这段代码实现的效果就是让字体有阴影、有立体感。

步骤5．接下来，选中刚才写好的文字，并在【CSS样式】面板中，选中样式【ljwz】，右键单击选择【套用】即可。

（5）用CSS打造多彩文字链接

下面介绍一下如何用CSS制作多彩的文字链接样式。

结果文件：..\02\2-6\2-6-7.html 。

步骤：

步骤1．新建HTML文档，l插入一个表格，并在表格内插入带链接的文字。（图2-6-38）

步骤2．选择【窗口】→【CSS样式】命令，单击【CSS样式】面板右下角的新建CSS规则 ✚ 按钮，在系统自动弹出的"新建CSS样式"对话框中依次做如下设置：

【选择器类型】选择【类】（可应用于任何标签）单选按钮。

在【名称】中输入"t1"。

【定义在】选择【仅对该文档】单选按钮。

步骤3．在设置好上述参数以后，单击【确定】按钮，系统会弹出"t1的CSS样式定义"对话框。在【分类】列表框中选择【类型】，在【颜色】输入#CC0000，【修饰】中选择下划线。单击【确定】按钮，关闭该对话框。（图2-6-39）

步骤4．单击【CSS 样式】面板右下角新建CSS规则 ✚ 按钮，在系统自动弹出的"新建CSS规则"对话框中依次做如下设置：

【选择器类型】选择【高级（ID、上下文选择器等）】单选按钮。【选择器】在【选择器】下拉列表中输入"t1:hover"，t1:hover是当鼠标经过t1样式文字的时候这段文字的样式。

【定义在】选择【仅对该文档】按钮。（图2-6-40）

步骤5．在设置好上述参数以后，单击【确定】按钮，系统会弹出【t1:hover 的CSS样式定义】对话框。在【分类】列表框中选择【类型】，在【颜色】输入"#0000FF"，【修饰】中选择下划线。单击【确定】按钮，关闭该对话框。（注1）（图2-6-41）

步骤6．用步骤2~5的方法分别建立t2、t3、t4、t5、t6……t14。

步骤7．选中要套用的样式，右键单击选择【套用】即可。

步骤8．保存文件，按下"F12"键预览就可以看到效果了。

图2-6-38 插入表格并输入文字

图2-6-39 插入一个表格

图2-6-40 选择【仅对该文档】单选按钮

图2-6-41 "t1:hover"的CSS样式定义

注1：通过步骤2~5就设置完成一组文字链接的样式。总结一下其实就是在【类】里面建立一个样式，然后在【高级】里面建立一个与【类】相同名字，后面加"：hover"的样式，然后套用就可以了。【类】里面建立的是默认情况下的样式，高级里面建立的是鼠标经过时候的样式。

实训项目

实训名称 —— 1. 使用CSS样式表设置网页背景

2. 使用CSS个性表单按钮

相关规范 —— 1. 制作一个背景图，并利用CSS样式将这张图设置为网页背景

2. 利用CSS的背景及边框的属性设置出个性的表单按钮及文本框

实例参考 —— 参考文件地址：..\02\2-6\Example\

小结

本节侧重介绍了CSS样式的概念、特点，并介绍了定义样式、编辑样式，以及修改样式的方法。

CSS样式又称层叠样式，是一种比较先进的网页控制技术，主要用来指定布局、字体、颜色、背景，以及其他一些图文元素的格式。一般分为内部样式表文件和外部样式表文件两种类型。其最大的优点是它的自动更新功能。当应用了CSS样式后，如果不满意，仅修改CSS样式即可更改所有应用。

熟悉CSS的各种属性，编辑页面会更加得心应手。

习题

一、判断题

1. 应用CSS样式后，如果不满意，仅修改一个样式是不可以更改所有应用了该样式的选择对象，需要逐个进行修改。（ ）

2. 一个网页可以链接多个CSS样式文件。（ ）

二、填空题

1. 删除某个样式时，在_____面板中，选中要删除的样式。单击_____面板右下角的_____按钮，或是从面板菜单中选择_____命令。

2. 应用外部链接CSS样式时，打开【CSS样式】面板，单击【CSS样式】面板右下角的_____按钮，此时将出现【链接外部样式表】对话框。

3. CSS样式一般分为_____和外部链接式两种类型。外部链接样式应用于多个文档，且生成_____文件。

Macrabbit网站

Academy of Art网站

七、使用行为

训练目的 — 这一节介绍行为面板的使用，把软件中自带很多JavaScript代码可以直接运行在我们制作的网页中，完善网页功能达到浏览者与Web页的交互功能

课程时间 — 8课时

实训项目 — 1．制作弹出广告窗口

2．制作图片翻转的导航

　　网络上有许多优秀的网页，它们不仅包含文本和图像，还有许多其他交互式的效果，在网页上制作这些交互效果一般需要使用JavaScript，而在Dreamweaver中不需要输入复杂而又难学的JavaScript，只要利用其丰富的内置行为功能，设置简单直观的语句，就可以很轻松地制作出交互式动态网页。Dreamweaver不仅具有一种不需要编写任何代码，就可以实现一些强大的交互性与控制功能的能力，还可以从互联网上下载一些第三方提供的动作来配合使用。行为就是指在网页中进行的一系列动作，通过这些动作，可以实现用户同网页的交互，也可以使某个任务被执行。

1. 行为基础

　　行为是Dreamweaver中最有特色的功能，它可以使用户不需要手动编写任何JavaScript代码，便可以使页面实现很强的交互功能。由于行为是由事件和由该事件触发的动作组合的，所以在【行为】面板中，通过指定一个动作然后指定触发该动作的事件，可以将行为代码添加到网页中。行为代码是客户端的JavaScript代码，运行于浏览器中。

（1）认识动作

　　动作是由预先编写的JavaScript代码组成的，这些代码执行特定任务，例如打开浏览器窗口、显示或隐藏层等。Dreamweaver里提供的动作是由Dreamweaver工程师精心编写的，提供了最大的跨浏览器兼容性。通过Dreamweaver中的【行为】面板可直接将代码加入页面中。

　　下面是一些常用的动作：

　　【交换图像】用于接收用户的动作而动态改变图像。

　　【弹出信息】可以弹出一条警告消息。

　　【恢复交换图像】把已经交换的图像恢复过来。

　　【打开浏览器窗口】可以打开一个小窗口（与网上的弹出窗口一样）。

　　【拖动层】设定图层是否允许拖动。

　　【控制Shockwave或Flash】控制网页中包含的Shockwave或Flash。

　　【播放声音】为网页加入声音。

　　【显示-隐藏元素】设置图层的显示或隐藏。

　　【检查插件】可检测访问者的浏览器是否已经安装浏览网页所必需的插件。

　　【检查浏览器】检测访问者使用的是什么类型的浏览器。

　　【检查表单】检验网页中的表单是否符合要求。

　　【设置导航栏图像】与交换图像原理一样，使用替代原理，其主要作用是使图像链接起导航作用。

　　【设置文本】在特定的地方显示文本。

　　【调用JavaScript】调用网页中包含的JavaScript程序。

　　【跳转菜单】插入跳转导航菜单。

【转到URL】跳转到其他页面。

【预先载入图像】在网页装载前先预先载入图像。

【显示事件】设定显示IE或NS各个版本的事件。

【获取更多行为】打开网页，去下载更多的事件。

（2）认识事件

事件是浏览器生成的消息，指示该页的浏览者执行了某种操作。例如，当浏览者将鼠标指针移动到某一个链接时，浏览器为该链接生成一个onMouseover事件（鼠标滑过），然后浏览器查看是否存在当为该链接生成该事件时浏览器应该调用的JavaScript代码（这些代码是在被查看的页面中指定的）。不同的网页元素定义了不同的事件，例如，在大多数浏览器中，onMouseover（鼠标滑过）和onClick（鼠标单击）是与链接关联的事件，而onLoad（页面载入）是与图像和文档的Body部分关联的事件。Dreamweaver中所提供的常见事件及涵义如下：

onClick：在用户用鼠标左键单击对象时触发。

onCopy：当用户复制对象或选中区，将其添加到系统剪贴板上时在源元素上触发。

onFocus：当对象获得焦点时触发。

onFocusin：当元素将要被设置为焦点之前触发。

onFocusout：在移动焦点到其他元素之后立即触发于当前拥有焦点的元素上触发。

onMousedown：当用户用任何鼠标按钮单击对象时触发。

onMouseenter：当用户将鼠标指针移动到对象内时触发。

onMouseleave：当用户将鼠标指针移出对象边界时触发。

onMousemove：当用户将鼠标划过对象时触发。

onMouseout：当用户将鼠标指针移出对象边界时触发。

onMouseover：当用户将鼠标指针移动到对象内时触发。

onMouseup：当用户在鼠标位于对象之上时释放鼠标按钮时触发。

onMousewheel：当鼠标滚轮按钮旋转时触发。

onMove：当对象移动时触发。

onMoveend：当对象停止移动时触发。

onMovestart：当对象开始移动时触发。

onScroll：当用户滚动对象的滚动条时触发。

（3）行为面板

在Dreamweaver中，通过对【行为】面板的操作完成对行为的添加和控制。

①附加行为

结果文件：.. \02\2-7\2-7-1.html 。

步骤：

步骤1．在Dreamweaver中，选择【窗口】→【行为】命令，或用快捷键为"Shift+F4"打开【行为】面板。（图2-7-1）

步骤2．单击【行为】面板的添加行为 **+.** 按钮，弹出如图2-7-2所示的菜单。该菜单常被称为动作菜单，可以进行添加行为，选择【显示事件】命令，选择相应的浏览器类型。如果选中【4.0 and Later Browsers】项，可以被大多数浏览器包括Netscape Navigator 4.0或Internet Explorer 4.0等旧版本浏览器所识别，页面将具有最好的兼容性，但是可用的事件非常少。因为大多数人用的可能是WinXP或更高版本的Windows，建议选择【IE5.0】项，这样可用的触发事件种类就非常多，可以构建更具有魅力的网页。选择事件后，我们可以从左侧的动作

下拉菜单中选择一个动作。（注1）

步骤3. 选择动作时，会弹出一个参数设置对话框，设置完成后单击【确定】按钮。

步骤4. 这时在【行为】面板的列表中将显示添加的事件及对应的动作，如果该事件不是希望的事件，可单击事件列表旁边的 ☑ 按钮，打开事件下拉菜单，从中选择一个需要的事件。（注2）

②为附加行为选择触发事件

在行为列表中选择一个行为，单击事件右边的按钮，会打开一个列表，列表中列出了所选行为所有可以使用的触发事件，用户可以根据实际网页需要的情况来进行选择。在【行为】面板中，用户还可以设置事件的显示方式，观察面板上的左上角有两个按钮，即 ▦ 和 ▤ 按钮，分别表示"显示设置事件"和"显示所有事件"。（图2-7-3）

③删除行为

要删除网页中正在使用的行为，请在列表中将其选中，单击 − 按钮就可以删除该行为。

④调整行为顺序

要调整正在使用的行为的顺序，可选择行为项目，单击 ▲ ▼ 按钮，可以改变行为列表中动作发生的顺序。

⑤修改行为

在【行为】面板中找到需要修改的项目，双击该项目，可调出设置对话框，在该对话框中，对行为进行修改。

图2-7-2 动作菜单

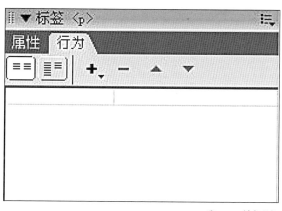

图2-7-1 样式面板

图2-7-3 行为中的事件

注1：可以点击获取更多行为或从网上下载更多的动作。

注2：在Dreamweaver中，纯文本是不能附加行为的，因为使用<p>和<span>标记的文本不能在浏览器中产生事件，所以无法触发动作，但是，用户可以为具有链接属性的文本附加动作：

①选择要加入链接的文本。

②在【属性】面板的【链接】文本框中，输入"#"，创建空链接。

③选中刚刚加入链接的文本，接着单击【行为】面板中的按钮，从打开的动作菜单中选择动作，并根据需要，设置动作参数。

④至此附加行为的操作就已经完成。

2. 行为应用

（1）添加状态栏文本

在网上常常看见网站的状态栏显示的是自定义的内容，这对自己的网站可以起到一个很好的广告作用。（图2-7-4）

结果文件：.. \02\2-7\2-7-1.html 。

步骤：

步骤1．新建HTML文档。

步骤2．打开【行为】面板，单击添加行为 **+.** 按钮，打开动作菜单，选择【设置文本】命令，从其子菜单中选择【设置状态栏文本】，系统弹出对话框。（图2-7-5）

步骤3．在消息文本框中输入"欢迎进入广播电影电视管理干部学院网站"，单击【确定】按钮。

步骤4．保存文件，按"F12"键预览页面即可。

（2）添加弹出信息

弹出信息就是在页面打开的时候弹出一个信息窗口，也是网页中较常用的特效。其添加方法如下：

结果文件：.. \02\2-7\2-7-2.html 。

步骤：

步骤1．新建HTML文档。

步骤2．在文档里输入文字："单击这里出现弹出信息！"并加上空链接。打开【行为】面板，单击添加行为 **+.** 按钮，打开事件菜单，选择【弹出信息】命令，事件选择"On Click"，系统弹出对话框。（图2-7-6）

步骤3．在对话框里输入要弹出的内容，单击【确定】按钮。

图2-7-4 添加状态栏文本

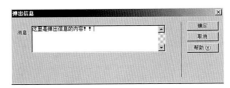

图2-7-5 设置状态栏文本

图2-7-6 设置弹出消息

（3）打开浏览器窗口

在浏览器浏览某些网页的时候，会弹出一个网页窗口，这些窗口的大小常常是固定的，甚至有的窗口没有按钮、地址等。使用Dreamweaver的行为便可以轻松实现弹出窗口的特效。

结果文件：.. \02\2-7\2-7-3.html 。

步骤：

步骤1. 新建HTMl文档，打开【行为】面板，在标签选择器上选择【<body>】标签，单击添加行为 **+.** 按钮，打开事件菜单，选择【打开浏览器窗口】命令，提醒用户设置浏览器窗口的属性。（图2-7-7）

步骤2. 按下"F12"键预览。

（4）交换图像

交换图像是一种类似按钮的特效。当浏览者的鼠标指向图像时，图像会变成预先设置好的另外一幅图像；当鼠标挪开的时候，图像会自动恢复。

结果文件：.. \02\2-7\2-7-4.html 。

步骤：

步骤1. 新建HTMl文档，在页面中插入欲作交换的原始图像（.. \02\2-7\images\swly1. gif）。

步骤2. 选中该图像，单击添加行为 **+.** 按钮，打开事件菜单，选择【交换图像】命令，此时弹出"交换图像"对话框，要求用户设置交换图像。（图2-7-8）

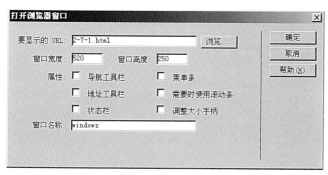

图2-7-7 设置浏览器窗口属性

图2-7-8 在设置中选择交换文件

步骤3．设置完毕后，单击【确定】按钮关闭对话框，（图2-7-9）添加的实际上是两个行为。保存文档，预览即可。

（5）拖动层特效

在网上经常看到有的网站会有一个浮动的公告窗口或菜单，且用户可使用鼠标任意拖动该窗口，这就是使用了拖动层的行为。

结果文件：.. \02\2-7\2-7-5.html 。

步骤：

步骤1．新建HTML文档，作好要添加动作的层"AP Div1"。（图2-7-10）

步骤2．在标签选择器上选中【<body>】标签，单击添加行为 **+.** 按钮，打开事件菜单，选择【拖动AP元素】命令，此时弹出对话框，用户可以设置拖动层的属性。（图2-7-11）

步骤3．在基本选项里，AP元素里可选择用户拖动的指定层，可查看层编码后设置。放下目标里可设置一个绝对位置，当用户将层拖动到该位置时，自动放下层。该功能可用于制作拼图等特效。

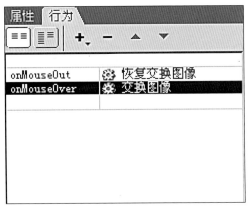

图2-7-9 【行为】面板

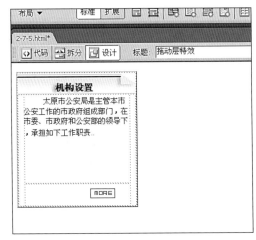

图2-7-10 显示预览图层

步骤4. 设置完毕后，可切换到高级选项进行高级设置。（图2-7-12）

在这里可设置拖动层的控制点、呼叫JavaScript程序等，也可使用默认值。

步骤5. 设置完毕后，单击【确定】按钮关闭对话框。按下"F12"键预览，即可看到层出现在浏览器中。用鼠标拖拽层，可随意对其挪动。（图2-7-13）

图2-7-11 拖动AP元素对话框

图2-7-12 高级设置

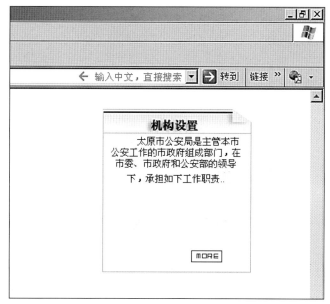

图2-7-13 在浏览器中预览层效果

实训项目

实训名称 — 1. 制作弹出广告
　　　　　　 2. 制作图片翻转的导航

相关规范 — 1. 在提供的现成网页文件上制作弹出广告，广告内容自己设计，窗口宽度为180×180像素
　　　　　　 2. 可将网页中的导航制作成动态翻转图样式，要求简洁大方，强调网页整体设计感

实例参考 — 参考文件地址：..\02\2-7\Example\

小结

　　本节主要是学习如何应用行为在Dreamweaver中制作出强大的交互性能和实现网页的动态效果。

　　行为是事件和由该事件触发的动作的组合体。详细介绍了行为的基础知识及行为应用实例。我们必须清楚行为可以附加给整个文档、链接对象、图像、表单或其他对象，并由浏览器决定哪些对象可以接受行为，哪些对象不能接受行为。为对象附加行为，可以一次为每个事件关联多个动作，以及多个动作按照在行为面板列表中的顺序执行。

习题

一、判断题

1. 在网页中，能对纯文本附加行为。（　　）

2. 为了让行为在网页中的运用更加锦上添花，浏览器的版本设置得越高越好。（　　）

二、填空题

1. 在浏览网页时如果想随之打开另外一个窗口，可以使用_____行为来实现；如果想弹出页面提示，可以通过_____行为来实现。

2. 在时间轴上，如果想更改层的位置，需要在_____进行修改。在Dreamweaver中，通过_____菜单可以打开【行为】面板及快捷键为_____。

酷橙网站

中国旅游网

八、插入动态元素

训练目的 —— 一个优秀的网站不仅仅只由文字和图片组成，还应有动态数据库、多媒体嵌入等。为了增强网页的表现力，丰富文档的显示效果，可以将Flash动画、Java小程序、音频播放插件等多媒体内容插入网页中。通过对网页中插入动态元素的学习，可以使制作出的网页更加有声有色

课程时间 —— 4课时

实训项目 —— 1. 为网页添加Flash动画

2. 在现有的个人网站首页中加入背景音乐

在Dreamweaver中，可以快速地将声音和电影等动态元素添加到站点中。Dreamweaver能够合成和编辑媒体文件，如Flash和视频文件以及MP3声音文件等。本节将主要介绍如何在页面中插入这些动态对象。

1.插入Flash动画及设置

Flash、Dreamweaver与Fireworks并称为网页三剑客，其中Flash是制作网络矢量动画的首选软件。与其他同类软件相比，Flash简单易学、操作方便，并迅速得到广大用户的认可。Flash以其强大的交互性能，惊人的视觉效果和精简的文件尺寸，成为了互联网矢量动画的标准。如果在网页上插入超酷的Flash动画，那么一定会使你的网站充满动感。

将Flash插入到网页中的方法有两种：

①选择【插入记录】→【媒体】→【Flash】命令。

②选择插入工具栏中选择【常用】标签，并选择媒体Flash 🔫 按钮。

使用上述两种方法的任意一种，均可在文档中看到我们需要的Flash动画。

在Dreamweaver中插入Flash，具体方法如下：

结果文件：..\02\2-8\2-8-1.html 。

步骤：

步骤1. 新建HTML文档，【插入】工具栏中选择【媒体】中的【Flash】，在弹出的对话框中选择属性为 ".swf" 的文件，然后单击【确定】按钮。（图2-8-1、图2-8-2）

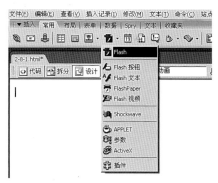

图2-8-1 插入Flash选项

图2-8-2 选择文件对话框

步骤2. 插入后的“.swf”文件会显示灰色的方框。（图2-8-3）

步骤3. 可以在【属性】面板中设置并调整Flash的高度、宽度。（图2-8-4）

步骤4. 如果想预览Flash，可以在【属性】面板上单击 ▶ 播放 按钮。（注1）（图2-8-5）

2.嵌入视频文件

视频影片就像图像文件一样，有许多不同的格式，如AVI影片（扩展名为“.avi”），它是PC和Mac系统上最早期也是最广泛使用的格式，同时也是Windows系统中的标准影音文件格式，可以通过Windows系统内建的MediaPlayer直接播放。

结果文件：.. \02\2-8\2-8-2.html 。

步骤：

步骤1. 由于Dreamweaver并没有默认插入AVI影片的功能，所以我们得通过【常用】标签上的【插件】 ❀ 按钮在网页上插入插件。（图2-8-6）

步骤2. 此时，屏幕上将出现的对话框，要求选取要通过插件播放的文件。（图2-8-7）

步骤3. Dreamweaver将在网页上显示灰色区域，代表插入插件的显示范围。不过Dreamweaver无法自动判定插件的显示尺寸，必须自行在【属性】面板上设置。（图2-8-8）

步骤4. tour.avi影片的尺寸大小是640×480像素。在默认情况下，媒体播放器会在影片的下方显示控制器，这个控制器的高度是640×480像素，因此先点选网页上的插件区域，然后在【属性】面板上输入【宽】、【高】值。（图2-8-9）

图2-8-3 “.swf”文件会显示灰色的方框

图2-8-4【属性】面板中设置

图2-8-5 插入Flash完毕

注1：我们所插入的“.swf”文件名称一定不能是中文命名，且保存的路径一定得存储在网站的站点文件夹内。如果“.swf”文件包含文档相对链接，则必须将链接文档存储到站点内文件夹当中。

步骤5.设置完毕后按"F12"键预览。(图2-8-10)

3.播放网页音乐

在网页中插入动画已经为页面增色不少,如果再为其加入音乐效果,会更有吸引力。

(1)了解声音文件格式

声音主要包括以下几种格式:

① "midi"或"mid":这种格式是乐器声音".mid"文件,能够被大多数浏览器所支持,并且不需要插件。

② ".wav":这种格式文件具有较高的声音质量,但文件尺寸通常较大,会受到网页的限制。

③ ".mp3":这是一种压缩格式的声音。文件很小且具有较高质量。通常我们选择".mp3"为播放音乐文件,".mid"为插入的网页背景音乐。

(2)链接声音文件

链接声音文件是一种简单而且有效的方法,通过它可以将声音添加到Web网页中。要创建链接声音文件,可在网页中选择文本和图像,然后在【属性】面板中的【链接】处,输入链接的声音文件的路径和文件名称即可。

(3)嵌套声音

当阅读网页时,如果有悠扬的背景音乐伴随,那一定可以为阅读情绪变化增添不少的气氛。我们可直接在【代码】窗口插入一段代码实现插入效果。

结果文件:..\02\2-8\ AIMBOND-Enterprises\AIMBOND-Enterprises.html。

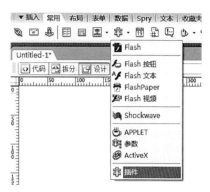

图2-8-6 嵌入视频插件选项

图2-8-7 选择文件对话框

图2-8-8 嵌入视频显示工作面板

图2-8-9【属性】面板

图2-8-10 显示播放

步骤：

步骤1．打开现成页面：.. \02\2-8\AIMBOND-Enterprises\AIMBOND-Enterprises.html，在文档工具栏中单击 代码 按钮。

步骤2．到【代码】窗口中，在</head>标签前加入：<bgsound src="media/music.mid"loop="-1">，其中src="背景音乐名称"，loop="-1"表示循环播放，保存并预览即可听到加入的背景音乐。（图2-8-11）

步骤3．按"F12"键，即可欣赏到你添加的网页背景音乐了。（图2-8-12）

图2-8-11 嵌套音乐代码显示

图2-8-12 在浏览器中浏览网站

实训项目

实训名称 — 1．在网页中添加Flash动画
　　　　　　2．在网页中加入背景音乐
相关规范 — 1．在网页中添加Flash动画
　　　　　　2．在网页中插入背景音乐，背景音乐要选择文件稍微小一些的，这样在
互联网上调用起来也会快些
实例参考 — 参考文件地址：..\02\2-8\Example\

小结

在这节中我们详细介绍了在网页中如何添加动态效果的几个实例，所插入的任何媒体对象我们都要保证路径的相对性，使所有的网页内容都在统一的站点下即可。这样我们所加入的动态效果在网站发布之后都可浏览到效果。

习题

一、判断题

1．Dreamweaver能插入Flash源文件。（　）

2．Flash文本对象允许创建和插入只包含文本的Flash影片。（　）

二、填空题

1．网页中常用的音乐格式为_____和_____两种。

Afashionuptodate.com网站

顾冠群艺术网

九、框架

训练目的 — 通过本节的学习，来掌握如何在Dreamweaver中使用框架，从而达到节省
页面空间且使网站页面保持风格统一

课程时间 — 4课时

实训项目 — 使用框架设计并制作一个广告公司网站

1. 建立框架集与框架页

框架在网页设计中可以将窗口分成多个不同的区域，每个区域可以分别显示不同的网页内容，它由两个部分组成——框架集（Frameset）和单个框架（Frame）。框架需要在IE4.0以上版本的浏览器才能正常显示。

（1）框架集

框架集是专门负责框架的设置的，它实际是一个页面，用于定义文档中框架的结构、数量、尺寸及装入框架的页面文件。因此，框架集并不显示在浏览器中，只是存储了一些框架如何显示的信息。如图2-9-1所示的框架而言，其中包含了框架集与两个框架，因此，与之对应的HTML文件也就是3个页面。所以，框架集被称为父框架，框架也被称为子框架。

（2）单个框架

普通的HTML文档分别被放置到各框架中，当链接到设置框架HTML文档时，整个框架及HTML文档就会一起显示在浏览器中。当在一个页面插入框架时，原来的页面就自动成了主框架的内容。一般主框架用来放置网页内容，而其他小框架用来进行导航。

（3） 建立与保存框架

网页制作经常会制作一些网页布局版面，以及部分网页对象无明显变化，而只是主要内容发生改变的多张页面，他们希望能够最大限度地缩短页面下载时间，不希望浏览者重复下载那些页面相同的部分。此时，就可以利用网页框架将内容相同的部分设置为一个区域，将内容改变的部分设置为另一个区域，浏览者只需要在其中下载改变的内容，而无需下载内容不变的部分，这将大大提高浏览者的阅读效率。

建立框架最常用的方法是利用布局面板的框架菜单，在菜单中，各功能选项前都有图标，设计者可以根据图标来选取需要建立的各种框架，简洁快捷。若要直接建立框架集网页，通过新建文档窗口，即可以建立框架集网页。建立框架的方法有3种，具体操作方法如下：

①选择【插入记录】→【HTML】→【框架】命令。

②可直接建立框架集页面，即在Dreaweaver的新建文档对话框中单击 🔳 示例中的页 按钮，即可

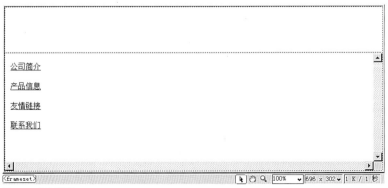

图2-9-1 框架页面

看到有多种框架供我们选择。（图2-9-2）

③在插入工具栏中选择【布局】标签，单击框架 ⊞ 按钮，即可选择你想要的框架样式。

我们可以选择第3种插入方法详细介绍框架的建立和保存。结果文件：... \02\2-9\Frameset0.html 。

步骤：

步骤1. 在新建的文档中执行【插入记录】→【HTML】→【框架】→【顶部和嵌套的左侧框架】命令。（图2-9-3）

步骤2. 选择菜单上的【文件】→【框架集另存为】命令，保存框架集 "Frameset.html" 页面到你的站点文件夹下。（图2-9-4）

步骤3. 打开【框架】面板，选择【topFrame】框架页，然后选择菜单【文件】→【保存框架页】命令，保存单个框架，命名为 "top.html"。（注1）（图2-9-5）

步骤4. 以相同的方法保存其他框架页，分别命名为 "left.html"、"main.html"。（注2）

2. 框架页插入

在网页中完成框架的构建后，网页还是空的，要是想让网页丰富起来，就需要为框架指定源文件，可以通过将新内容插入框架的空白文档中，或通过在框架中打开现有文档来指定框架的初始内容。我们以指定源文件的方法来介绍框架页的插入。

图2-9-2 选择框架集样式

图2-9-3 插入框架集

图2-9-4 保存框架集

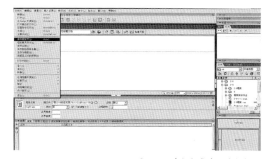

图2-9-5 在框架集中保存框架页

注1：打开【框架】面板的方法选择【窗口】→【框架】命令或快捷键 "Shift+F2"。框架集是指含有框架的网页文件，也就是说框架集是由多个独立的网页组成的。框架集的内容包括所有框架的区域分配、大小比例、框架背景、边框颜色等。打开了框架集的网页文件，也就打开了多个框架网页。

注2：框架集的每个框架都是独立的网页，所以必须掌握网页之间的链接关系。

框架页插入的方法如下：

步骤：

步骤1．选择菜单中的【窗口】→【框架】命令，打开【框架】面板。并开启光盘素材文件：..\02\2-9\Frameset.html。

步骤2．指定【topFrame】框架后，再在【属性】面板上指定来源为光盘素材文件：..\02\2-9\Zone\top.html。（图2-9-6）

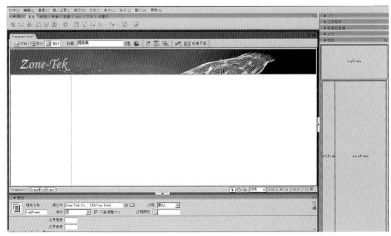

图2-9-6 指定【topFrame】框架页

步骤3．依照上边的步骤，我们可以把【leftFrame】框架页指定文件为光盘素材文件：..\02\2-9\Zone\left.html，把【mainFrame】框架页指定文件为光盘素材文件：..\02\2-9\Zone\main.html。（图2-9-7）

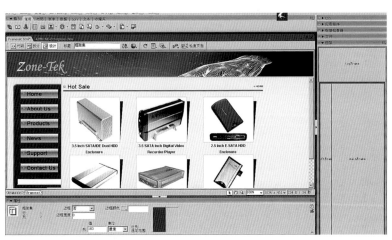

图2-9-7 插入所有框架页

步骤4．接下来把框架集直接另存为"Frameset-new.html"。

学习完网页的建立后，为了让网页框架内容显示效果更佳，下一节将介绍编辑框架的各种方法。

3. 框架页之间的编辑

框架在网页上的应用是多种多样的，熟练运用框架的属性，可以使网页的框架结构美观且实用。在建立框架后还应该对它进行适当的调节。例如调整框架大小、添加或删除框架。调整好之后我们还应当编辑框架页之间的链接关系。但首先必须清楚框架的相关属性设置。

（1）框架属性设置

框架包含两种属性设置：一种是框架集属性（主要用来调整主框架分割空间的尺寸）；一种是框架页属性（用来调整是否要显示边框、滚动条、边界宽度等属性）。

①框架集属性

以上节中的页面Frameset-new.html为例，打开【框架】面板。点选框架边缘（图2-9-8），即可看到框架集的属性设置。（图2-9-9）

②框架页属性

在【框架】面板中单击各框架页，在【属性】面板中就会显示各框架页的属性。（图2-9-10）

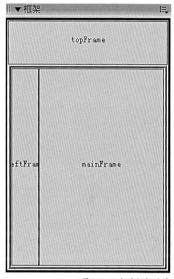

图2-9-8 点选框架边缘

图2-9-9 框架集属性

框架属性名称	注解
边框	确定在浏览器中查看文档时在框架周围是否应该显示边框，如果显示边框，选择"是"；要使浏览器不显示边框，选择"否"；如果允许浏览器确定如何显示边框，则选择"默认值"
边框宽度	当设置框架边框为"是"时，可在边框宽度文本框中输入边框宽度
边框颜色	可以设置边框的颜色
值：行/列	输入数值，在单位下拉列表中，选择像素、百分比或相对方式。同时，也可以通过鼠标移动设置行高 / 列宽

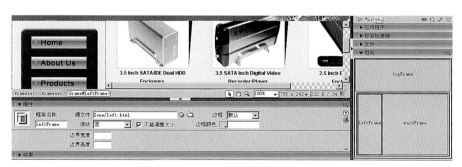

图2-9-10 框架页属性

框架页属性名称	注解
框架名称	输入新设置的框架页名称，或沿用默认名称 注：框架名称必须是单个词，允许使用下划线"_"，但是不允许使用连字符"—"、句点"."和空格。框架名称必须以字母起始，不要使用JSP中的保留字作为框架名称
源文件	指定在框架中显示的源文档。单击文件夹图标 📁 可以浏览到一个文件并选择一个文件
滚 动	在下拉列表中可决定是否出现滚动条 注：选择默认选项是由浏览器来自行处理，选择"是"选项指不管内容如何都出现滚动条；选择"否"选项指无论内容如何都不出现滚动条；而自动选项是在内容可以完全显示时不出现滚动条，在内容不能被完全显示时自动出现滚动条
不能调整大小	设置是否让浏览者改动框架的大小，不选中时浏览者将可以随意拖动框架边界而改变框架的大小
边 框	在下拉列表中选择是否出现框架页边框。为框架设置边框选项将重写框架集的边框设置
边框颜色	为所有框架的边框设置边框颜色
边界宽度	以像素为单位设置边界宽度
边界高度	以像素为单位设置边界高度

（2）选择框架集和框架页

①选择框架集

将鼠标定位在框架边框上，当鼠标指针变成↔或↕形状时，单击鼠标左键，就选中了整个框架，同时在编辑区该框架集周围有虚线。（图2-9-11）

②选择框架页

将鼠标定位在某一框架页内，按住"Alt"键，单击鼠标左键，就选中了框架页，同时在编辑区，该框架页周围有虚线，光标指针变成 ↖ 形状。（图2-9-12）

（3）设计适合的框架页

在插入框架页之后，根据需要调整框架页的设置。打开上节中制作的框架页"..\02\2-9\Frameset-new.html"，直接另存为"Frameset-new1.html"页面，并对它进行适度调整。

图2-9-11 选择框架集　　　　　　　　　　　图2-9-12 选择框架页

步骤：

步骤1．选择【窗口】→【框架】面板，在面板中单击框架即可选中框架边框。（图2-9-13）

步骤2．使用鼠标按住边框，即可向右拖拽增大左框架的大小。（注1）（图2-9-14）

步骤3．再次使用鼠标按住上框架的下边框，然后向下拖拽增大框架的大小。（注2）
（图2-9-15）

（4）删除框架

在编辑完成框架的结构后，有时会发现错误或想改变框架格局，这时可以通过删除框架
来达到目的。

图2-9-13 选中框架边框

图2-9-14 改变框架大小

图2-9-15 调整适合框架大小

注1：所拖动窗口的宽窄可根据所插入页面里显示内容的宽窄来安排。在【leftFrame】里指定的源文件
为：..\02\2-9\Zone/left1.html，所嵌入的表格内容宽度为217像素。

注2：按住"Shift"键并拖动可以保留其他列宽，按住"Ctrl"键并单击可以选择单元格。

步骤：

步骤1. 打开框架集 "..\02\2-9\Frameset-new1.html" 页面。在【框架】面板中单击需要删除的框架页，并把鼠标放到框架边框上。

步骤2. 将鼠标定位在要删除框架的框架页边框，将边框移动至框架外沿直到框线消失，即可删除框架，删除后的框架成为上下结构。（图2-9-16）

（5）设置框架链接目标

为了发挥框架的导航作用，我们打开所制作的框架集，见光盘素材文件：..\02\2-9\Frameset-new1.html。会看到【leftFrame】里的文件是个菜单文件，浏览者应该能够通过点击菜单项目打开他们能够看到菜单所链接的其他网页内容。所以框架建立完成后，还需要正确设定链接的目标框架。

首先我们将..\02\2-9\Frameset-new1.html另存为..\02\2-9\Frameset-new2.html。（图2-9-17）

结果文件：..\02\2-9\Frameset-new3.html。

步骤：

步骤1. 打开新文件..\02\2-9\Frameset-new2.html，按下 "F12" 键可直接浏览。（图2-9-18）

步骤2. 单击左侧菜单应该可以打开相应的链接页面，现在就需要我们进行制作链接页面并设置超链接。直接回到Dreamweaver编辑窗口，先制作 "About Us" 与 "Products" 链接打开的页面 "about us.html" 和 "products.html"（这两个页面已经制作好，见光盘：..\02\2-9\Zone\）。

步骤3. 打开【框架】面板，选择【leftFrame】，即文档中的 "left.html" 页面被选中。（图2-9-19）

步骤4. 为菜单图像 "index_02.gif" 建立热区，并设置超级链接文件和目标窗口（选择 "mainFrame"）。（注1）（图2-9-20）

步骤5. 同理我们对其他菜单链接进行一一设置。（图2-9-21）

步骤6. 再次打开【框架】面板，选中框架集页面 "Frameset-new2.html" 并按下 "F12" 键预览，会看到单击菜单选项，页面即可链接到指定的页面。（图2-9-22）

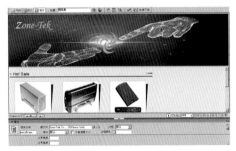

图2-9-16 删除框架

图2-9-17

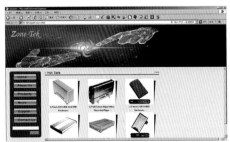

图2-9-18 在浏览器中浏览网站

注1：因为我们所打开的链接页面是在右侧的【mainFrame】中变换，所以窗口就要选择【mainFrame】，即表示浏览网页时，单击菜单后链接页面在【mainFrame】窗口位置显示。

此时，会看到目标上比正常时多出一些窗口名称。分别解释一下：

【链接】下拉菜单中可指定文件路径，或通过浏览文件按钮，设置指定源文件。

【目标】下拉菜单中有4个预设项分别为_blank、_parent、_self、_top。现在如果每个框架都有一个默认名，会出现以下备选预设项：

mainFrame：目标文件会在主框架中打开链接。

leftFrame：目标文件会在左侧框架中打开链接。

topFrame：目标文件会在顶部框架中打开链接。

4. 美化框架页

在默认情况下，框架的灰色边框总是出现在网页上，然而绝大多数的网页设计师都会把框架线隐藏起来。美化框架页实际上就是取消框架页滚动条或者改变框架的颜色。

（1）取消框架页滚动条

根据框架大小和内容多少，可设置框架的滚动条。有的框架内容很少，页面可以完全显示，不需要滚动条，这时可以将滚动条隐藏。这样网页会整齐很多，不会感觉网页中的各个框架有太多的滚动条而显得累赘。取消滚动条的操作如下：

步骤：

步骤1. 在浏览器中预览光盘素材文件：..\02\2-9\Frameset1.html。（图2-9-23）

步骤2. 回到编辑窗口，打开【框架】面板，选择【topFrame】，然后在属性面板的【滚动】上选择"否"并勾选【不能调整大小】选项。（图2-9-24）

步骤3. 用步骤2的方法设置你需要隐藏滚动条的其他窗口即可。（图2-9-25）

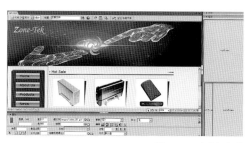

图2-9-19 选中框架页

图2-9-22 在浏览器中浏览网页

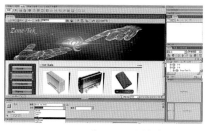

图2-9-20 设置框架链接目标

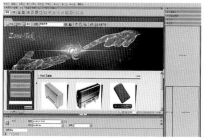

图2-9-21 热区设置完毕

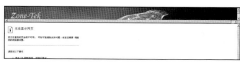

图2-9-23 在浏览器中浏览框架效果

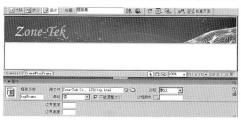

图2-9-24 取消框架页滚动条

图2-9-25 在浏览器中浏览效果

（2）设置框架集边框颜色

通过设置框架集边框的颜色也可以增强网页的美观性，如果设置合理，可以使整个网页保持风格一致，浏览起来看得更舒服。

步骤：

步骤1．开启光盘素材文件：..\02\2-9\Frameset1.html。

步骤2．打开【框架】面板，并选中框架边框，出现框架集属性，在【边框】选项中选择"是"，设置【边框宽度】为2，并在边框颜色里选取需要的颜色即可。（图2-9-26）

步骤3．按下"F12"键预览即可。

图2-9-26 框架集属性设置

图2-9-27 建立浮动框架页

图2-9-28 浮动框架代码

图2-9-29 浏览器中预览效果

注1：

iframe：表示浮动窗口的标签，成对出现。

frameborder：表示窗口的边框。

name：表示窗口的名字，即链接时选择的目标位置。

src：表示默认的源文件显示为。

width：表示浮动窗口的宽度。

height：表示浮动窗口的高度。

align：在浮动窗口插入内容的对齐方式。

5. 建立浮动框架页

浮动窗口是一种特殊的框架，它以独立的形式插入到框架集，独立使用一个窗口显示网页内容。大多应用于网站公告栏，或者其他更新较频繁的数据编排上。

步骤：

步骤1．开启光盘素材文件：..\02\2-9\iframe.html。

步骤2．选中单元格，把浮动窗口定义在这个单元格当中。（图2-9-27）

步骤3．单击代码窗口 代码 按钮，打开代码编辑窗口。

步骤4．在代码窗口的16行，在<td>与</td>之间插入浮动框架的代码即"<iframe frameborder="0" name="mid" src="a.html" width="100%" height="300" align="middle"></iframe>"。（注1）（图2-9-28）

步骤5．接下来要为其他菜单设置链接，使其链接的内容在浮动窗口打开。

步骤6．选中图像"a.gif"，为其建立热区，并在【链接】处输入"a.html"，【目标】处直接输入"mid"，选中图像"b.gif"，为其建立热区，并在【链接】处输入"b.html"。【目标】处直接输入"mid"，选中图像"c.gif"，为其建立热区，并在【链接】处输入"c.html"，【目标】处直接输入"mid"。

步骤7．按下"F12"键预览。（注2）（图2-9-29）

注2：插入浮动窗口的方法除了直接在嵌入处输入代码之外，还可以通过选择菜单上的【插入记录】→【HTML】→【框架】→【IFRAME】命令，不过这样的插入方法也只是插入浮动框架标签，即<iframe></iframe>，还需要手动设置浮动框架内容。

实训项目

实训名称 — 使用框架设计并制作一个广告公司网站

相关规范 — 设计一个广告公司网站，并使用框架将网站的导航和内容分割开，导航
部分要求没有滚动条

实例参考 — 参考文件地址：..\02\2-9\Example\

小结

本节主要讲述了框架的使用，包括创建框架、命名框架、设置框架以及保存框架，在使用框架的过程中一定要明白框架的基本结构。框架在网页的设计中可以用来制作电子图书、电子相册等等。

使用框架的一个难点是框架集和框架之间的关系，通常在一个框架中所有的框架都是通过一个框架集文档来调用各个框架的；另一个难点就是框架属性的设置。这些都需要在实际操作过程中不断去思考才能熟练掌握。

习题

一、判断题

1. 框架需要在任何版本的浏览器上都可以正常显示。（　　）
2. 浮动框架是一种特殊的框架，包含了整个框架集的内容。（　　）

二、填空

1. 框架主要由_____和_____两部分组成。
2. 浮动框架的代码标签为_____。

QQ秀网站

十、模板和库

训练目的 —— 通过本节的学习，了解到模板与库是在网页制作过程中，为设计出同类风格的网页常使用的辅助工具。通过使用模板与库可以设计出具有统一风格的网站，而且为网站的更新和维护提供了方便

课程时间 —— 4课时

实训项目 —— 使用模板制作一个网站

为了体现网站的专业性，使站点中的各页面具有相似的风格是非常重要的。例如，在每个文档的左上角显示公司的徽标，在固定的位置显示站点的主题文字，这样不仅会让浏览者加深对站点的印象，也有助于了解站点所要介绍的主题。

利用常规的网页创作手段，要在多个文档中包含相同的内容，则不得不在每个文档中重复进行输入和编辑，这是很麻烦的。为了避免一次次的重复劳动，可以使用Dreamweaver提供的模板和库功能，将具有相同版面结构的页面制作成模板，将相同的元素（如导航栏）制作成为库项目，并存放在库中以便随时调用。

图2-10-1 新建创建模板

图2-10-2 显示警告文字

图2-10-3 空白模板建立

注1：不要将模板文件移出Templates文件夹，也不要将其他非模板文件存放在该文件夹中，同样也不要将此文件夹移出站点的根目录，因为这些操作都会引起模板路径错误。

注2：在保存模板时，如果模板中没有定义任何可编辑区域，系统将显示警告信息。

1.创建模板

创建一个空白文档，然后在其中输入需要的内容，也可以将现有的文档存储为模板。模板实际上也是文档，只是它的扩展名是".dwt"，并存入在站点目录的Templates文件夹中。模板文件并不是原来就有的，它只是在制作模板的时候才由Dreamweaver自动生成的。（注1）

（1）创建一个新的空白模板

方法一

步骤：

步骤1. 选择【文件】→【新建】命令。

步骤2. 在"新建文档"对话框中选择【空模板】中的【HTML模板】命令，单击【创建】按钮。（图2-10-1）

步骤3. 编辑之后，选择【文件】→【保存】命令。（图2-10-2）（注2）

步骤4. 此时弹出"另存模板"对话框，在【描述】文本框中输入对该模板的简单描述信息后，再在【另存为】文本框中输入模板名称，单击【保存】按钮。（图2-10-3）

方法二

步骤：

步骤1. 新建HTML文档。

步骤2. 选择【插入记录】→【模板对象】→【创建模板】命令。

步骤3. 此时弹出"另存模板"对话框，在【描述】文本框中输入对该模板的简单描述信息后，再在【另存为】文本框中输入模板名称，单击【保存】按钮。

方法三

步骤：

步骤1. 新建HTML文档。

步骤2. 选择【窗口】→【资源】命令或按快捷键"F11"打开【资源】面板。

步骤3. 单击【模板】▥按钮，进入【模板】面板，单击【新建模板】▣按钮。（图2-10-4）

步骤4. 输入模板名称，然后按"Enter"键，这时就创建了一个空白模板。

方法四

步骤：

步骤1. 新建HTML文档。

步骤2. 选择插入工具条中【常用】标签，单击【创建模板】按钮。（图2-10-5）

步骤3. 此时弹出"另存模板"对话框，在【描述】文本框中输入对该模板的简单描述信息后，再在【另存为】文本框中输入模板名称，单击【保存】按钮。

（2）将网页另存模板

步骤：

步骤1. 选择【文件】→【打开】命令，打开一个现有文档。（图2-10-6）

步骤2. 选择【文件】→【另存为模板】命令，打开"另存模板"对话框。（图2-10-7）

步骤3. 在【站点】下拉列表框中选择站点名称。

步骤4. 在【另存为】文本框中输入模板名称。如果要覆盖现有模板，可从【现存的模板】列表中选择需要覆盖的模板名称。

步骤5. 单击【保存】按钮，保存模板。

图2-10-4　新建模板按钮

图2-10-5　创建模板按钮

图2-10-6　打开现有文档

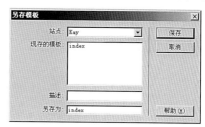

图2-10-7　"另存模板"对话框

2. 修改模板

（1）管理模板

①重命名模板

步骤：

步骤1．从【模板】面板中的模板列表中，在要重命名的模板名称上单击鼠标左键，即可激活其文本编辑状态。

步骤2．输入需要的新名称，按下"Enter"键即可完成模板的重命名。（注1）（图2-10-8）

②删除模板

步骤：

步骤1．在【模板】面板中的模板列表中，选中要删除的模板项。

步骤2．单击面板右下角的删除 🗑 按钮。（注2）

（2）定义模板的可编辑区域

在模板中的内容应该是文档的共有内容，然而在生成文档时，很可能会在无意间修改了这些内容，从而失去了文档的统一风格。因此Dreamweaver利用所谓的可编辑区域和锁定区域的概念，来避免这种失误。

在模板中采用常规方法输入和编辑的内容，在通过模板生成的文档中都是不可修改的，这就是所谓的锁定区域。如果希望在生成的文档中对模板原有内容进行修改，则需要在模板中建立可编辑区域。

① 创建可编辑区域

以光盘素材为例，进行创建可编辑区域。开启光盘素材文件：.. \02\2-10\STM\Templates\nry.dwt。

步骤：

步骤1．在模板文档中，把鼠标放置到需要将其设置为可编辑区域里。

步骤2．选择【插入记录】→【模板对象】→【可编辑区域】命令，弹出"新建可编辑区域"对话框。（图2-10-9）

步骤3．在【名称】文本框中输入可编辑区域的名称。（注3）

步骤4．单击【确定】就完成了一个可编辑区域的添加。

在模板中，新建的可编辑区域由蓝色边框以及其中的可编辑区域名称来表示，在可编辑区域上还带有一个选项卡风格的标签，并显示有可编辑区域的名称。（图2-10-10）

② 删除可编辑区域

步骤：

步骤1．通过单击可编辑区域的名称选中可编辑区域。（图2-10-11）

步骤2．选择【修改】→【模板】→【删除模板标记】命令，即可删除可编辑区域。

注1：如果站点中已经利用该模板生成了文档，则会出现一个对话框，提示你是否同时更新文档。要更新站点中所有基于该模板的文档，则单击【更新】按钮。如果不希望更新文档，则单击【不更新】按钮。要注意的是不更新并不意味着文档会与模板失去关联，实际上它们仍有关联，只是其内容不更新而已，可以随时选择【修改】→【模板】→【更新页面】命令进行更新。

注2：删除模板的操作实际上就是从本地站点的（模板）目录中删除相应的文件。所以在执行删除操作时要慎重，因为文件被删除后，无法恢复。

注3：在命名可编辑区域时，不能使用某些特殊字符，如单引号""或双引号""等等。

③ 了解可编辑区域的代码

通过打开模板文件,单击【代码】按钮,可以看到Dreamweaver采用如下代码来标记可编辑区域:<!-- TemplateBeginEditable name="EditRegion3" -->可编辑区域内容……<!-- TemplateEndEditable --> 。

其中TemplateBeginEditable和TemplateEndEditable标记表明当前区域为可编辑区域,其中name属性则说明可编辑区域的名称。

3. 套用模板

① 基于模板创建新文档

步骤:

步骤1. 在文档窗口中,打开菜单上的【文件】→【新建】命令。然后在弹出的对话框中单击 模板中的页 按钮,即可显示出站点及站点中的模板页。(图2-10-12)

图2-10-8 更新模板文件

图2-10-9 新建可编辑区域对话框

图2-10-10 选项卡标签

图2-10-11 名称选中可编辑区域

步骤2．选择当前站点及要使用的模板。

步骤3．勾选【当网页改变时更新模板】项目，并单击【创建】按钮，即可基于模板建立新文档。

② 在现有文档上应用模板

不仅可以通过模板构建新文档，也可以在现有文档中应用模板。操作方法如下：

步骤：

步骤1．打开要应用模板的现有文档。

步骤2．在【模板】面板上的模板列表中，选中要应用的模板。（图2-10-13）

步骤3．单击 **应用** 按钮，或者直接从【资源】面板中将需要的模板拖拽到文档窗口中。

③ 从模板中分离

为了能够改变基于模板的页面中的锁定区域和可编辑区域内容，必须将页面从模板中分离出来。当页面被分离后，它将成为一个普通的文档，不再具有可编辑区域或锁定区域，也不与任何模板存在关联。因此，当文档模板被更新时，文档页面不会被更新。

分离模板时，选择【修改】→【模板】→【从模板中分离】命令即可，这时文档中的区域名称将被删除。

以光盘素材为例，进行创建可编辑区域。开启光盘素材文件：.. \02\2-10\STM\index.html。这个页面已经套用了模板文件"nry1.dwt"。现在就以这个页面为例，把模板脱离出页面。

步骤：

步骤1．开启光盘素材文件：.. \02\2-10\STM\index.html，即可看到这个页面除可编辑区域外其他页面位置均不可编辑，并且在页面的右上角可看到模板标识。（图2-10-14）

步骤2．选择菜单上的【修改】→【模板】→【从模板中分离】命令即可。（图2-10-15）此时，会看到页面任何一处位置都可以编辑了。

4. 库元素在页面中的应用

库是一种特殊的Dreamweaver文件，包含已创建并可放在Web页上的单独资源或资源副本的集合。库里的这些资源被称为库项目，库文件夹由Dreamweaver在站点的根目录中自动创建。库中可以存放各种各样的页面元素，如图像、文本、表格、层、声音或是 Flash 影片。一般把存入库中的元素叫做库项目或库元素。库项目是可以在多个页面里重复使用的存储页面元素。每当更改一个库项目的内容时，可以更新所有使用该项目的页面，在这一点上，库和模板很相似。如果想让页面具有相同的标题和脚注，却有不同的页面布局，就应该使用库项目来

图2-10-12 显示站点及模板文件

图2-10-13 在列表中显示模板文件

图2-10-14　显示模板标识

图2-10-15　页面从模板中分离

保存标题和脚注。在使用库项目时，Dreamweaver不是向网页中插入库项目，而是向库里插入一个链接。对于诸如图像之类的链接项目，库中仅保存到该项目的引用，原文件仍保留在指定位置。如果需要更改库项目，则自动更新已经插入该项目的页面库的实例，这样可以使得用户的工作变得高效而且简单。

（1）创建库

①创建库

创建库项目时，首先应该选取文档<body>的一部分，由Dreamweaver将这部分转换为库项目。

步骤：

步骤1．选择【窗口】→【资源】命令，或按快捷键"F11"。单击库 📖 按钮，就可以进入面板。（图2-10-16）

图2-10-16　选择【库】面板

步骤2．单击新建库项目 🔁 按钮，可输入库名称。直接单击编辑 📝 按钮，编辑你定义的库文件即可。（图2-10-17）

②将现有的文档保存为库项目

步骤：

步骤1．在网页文档中选中要保存为库项目的内容。（图2-10-18）

步骤2．单击【库】面板中的新建库项目 🔁 按钮，输入库项目名称即可。（注1）（图2-10-19）

（2）使用库项目

①使用库项目

要使用库项目，应该首先选中库中的项目，然后将其拖至文档窗口。此外，用户也可在选定库项目后，单击【库】面板右上

图2-10-17　编辑库文件

注1：直接拖动选中的内容到【库】面板里，也可以把它存储为库项目。库项目建好以后，它的后缀名为".lbi"，同时保存在站点下一个单独的文件夹里，文件夹名称为"Library"，以后便可以随时使用了。

角的 ▦ 按钮，从弹出的菜单中选择【插入】命令，或直接单击面板左下方的插入按钮。如果不希望在文档中插入不含引用关系的库项目，可按住"Ctrl"键不放，然后将选定库项目拖入文档窗口，此时选定的库项目将恢复成普通文件类型，即脱离库项目。

② 编辑库项目

步骤：

步骤1. 选择【窗口】→【资源】命令，打开资源面板后选择库项目。（图2-10-20）

步骤2. 单击面板下方的编辑 ▨ 按钮，这时会出现一个新的窗口，可以对库项目进行编辑，或直接在库项目中双击选定项目。（图2-10-21）

步骤3. 在编辑完成后，选择【文件】→【保存】命令，保存修改后的库项目。

步骤4. 编辑保存以后，选择【修改】→【库】→【更新页面】命令，这时会弹出一个

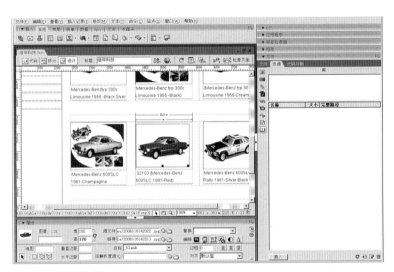

图2-10-18 选择库项目

图2-10-19 增加库项目

图2-10-20 选择库项目

更新页面的对话框。更新当前文件（图2-10-22）和整个站点使用了该库的所有文件。（图2-10-23）

步骤5．单击【开始】按钮，Dreamweaver会自动更新文档，并将编辑过的库项目保存在相关的文档里。

③ 在文档中插入库项目

在【库】面板里，选择要添加到网页文档中的库项目，然后单击【插入】按钮 ，或直接将库项目中的所选元素拖拽到网页中。

④ 删除库项目

在【库】面板的列表中，选中要删除的库项目。

按 "Delete" 键进行删除，确认删除操作。（注1）

图2-10-21 库项目进行编辑

图2-10-22 更新页面对画框

图2-10-23 使用该库所有文件

注1：
①添加到网页中的库项目是不能被编辑的。如需要对它编辑，必须先将文档中库项目与库中的库项目分离，并且被分离修改后的库项目将不能随着库项目的更新而更新。
②库项目里不能包含时间轴和样式表，因此如果使用这些元素的话会出现错误。
③不能随便移动库文件夹Library，否则会导致库项目的错误。

实训项目

实训名称 — 用模板制作一个校园网站

相关规范 — 用模板制作一个网站，至少要求除首页文件之外，其余子页面都套用模板生成

实例参考 — 参考文件地址：..\02\2-10\Example\

小结

本节主要介绍了模板和库的相关知识。主要对模板的基本概念、模板的创建、应用与更新以及库的应用进行详细的讲述，让大家能够熟练地应用模板和库制作风格一致的网页。

网页模板是用来作为创建其他网页文档的基础文档，后缀名为".dwt"。使用模板来设计网页，可以使整个网站保持相对一致的风格。应用模板创建和更新网页的基本流程是：创建模板——编辑模板——使用模板设计网页——通过修改模板来更新网页。一个模板文档分为两个部分：可编辑区域和不可编辑区域。在Dreamweaver里，用户可以利用定义模板"可选区域"这一个功能，来设置一个区域在利用模板生成的文档中是否被显示。重复区域是指在文档中重复出现的区域，它主要应用于动态网页中。应用模板创建新的网页有两种操作方法：直接从模板中创建网页，创建新网页后再应用模板。

库是一种特殊的Dreamweaver文件，其中包含已经创建好了以便放在网页上的单独的资源或资源拷贝的集合。库文件夹由Dreamweaver在站点的根目录中自动创建，库中可以存放各种各样的页面元素，比如图像、文本、表格、层、声音或是 Flash 影片。创建库项目有两种方法：新建库项目和将网页内容转换为库项目。新建了一个库项目以后，就可以通过编辑它来实现多网页的更新。

上海新天地会所

习题

一、判断题

1.网页文件可以转换为模板文件。（ ）

2.模板中必须包含有可编辑区域。（ ）

3.库项目是可以在多个页面里重复使用的存储页面元素。

二、填空题

1.模板文件的扩展名为_____。

2.模板文件被保存在指定的_____文件夹中。

3.库文件的后缀名为_____。

4.一般把存入库中的元素叫做库项目或_____。

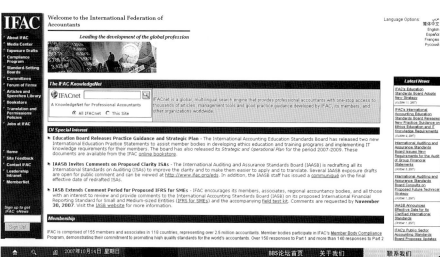

图2-11-1　同行业网站

十一、实例应用

训练目的 — 通过实例制作，能够完整地掌握一个网站从设计图到页面制作完成直至发布到互联网这一系列过程的制作方法

课程时间 — 20课时

实训项目 — 完成山西注册会计师网站的首页设计与制作

图2-11-2　起始画面

图2-11-3　最后效果图

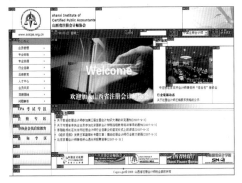

图2-11-4　切片效果图

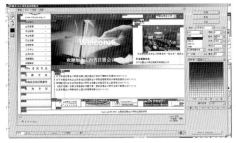

图2-11-5　储存为Web格式

以山西注册会计师协会网站为例，通过设计和制作让大家掌握网页从效果图设计、切片制作，到页面生成这一操作过程。

山西省注册会计师协会成立于1993年，接受省财政厅领导和中国注册会计师协会的业务指导，1997年12月山西省注册会计师协会与山西省注册审计师协会联合组成新的全省性注册会计师组织。（图2-11-1）是业界会计师协会制作的网站，我们可以此作为这类网站设计时的参照和对比。

通过分析同行业其他协会制作的网站，可以总结出以下几个特点：

①大部分都是以蓝色为主要色调。

②都有二级栏目。

③文字内容比较多，行业特点明显。

1.设计站点

（1）网站的总体结构

首先要与客户进行沟通，了解制作网页所需的功能和大致内容，如客户所要求的栏目安排、主要内容的Word资料、图像资料和主要的内部资料等。前期调研人员、设计人员和后台技术人员经过商讨最后确定网站的总体结构。

（2）建立站点

把该网站的所有内容放到计算机的某个固定位置（文件夹），等网站制作到一定程度后，再把这个文件夹整个上传到申请的网络空间里。因此在制作网站前应该先在电脑的某个硬盘里创建一个文件夹（可命名为"注协"），准备存储稍后制作的网页内容。

步骤：

步骤1．新建文件夹后，启动Dreamweaver软件，单击"Dreamweaver起始画面"当中的Dreamweaver站点 🔡 按钮，建立站点。（图2-11-2）

步骤2．建立站点在电脑上的某个位置。示范文件存放在光盘里（..\02\2-11\注协）。

（3）设计页面

根据客户的需求，下边就进行页面设计即首页（index. html）的设计。首先在Photoshop里面进行效果图的设计和制作。

步骤：

步骤1．首先设定网页的大小，要根据大多数浏览者分辨率确定，一般宽度为满屏，高度随意。因为浏览器的右侧有上下的滚动条，它的宽度为22像素，所以设计网页内容的宽度为屏幕分辨率中的宽度减22像素。应采取1002像素为页面宽度进行设计，整个网页要显现得大气、简洁，突出行业严肃、时代以及官方使命的气氛。同时在色调上以象征科技的蓝色与灰色为主调，保持栏目的整齐，重点版块突出。最后的效果如图2-11-3所示。

步骤2．效果图设计好之后，接下来就是切图（在设计的时候就要考虑到页面切割后的排版是如何分配的）。使用Photoshop工具条中的切片工具 ✂ 对效果图进行切片划分。（图2-11-4）

步骤3．在主菜单上选择【文件】→【存储为Web和设备所用格式】，按照需要保存图片不同的格式（图2-11-5），按住"Shift"键选好要保存的切片文件，然后命名为"index"的系列图片并把它存储在站点目录里（图2-11-6），切片文件如图2-11-7所示。

步骤4．这时候可以在定义的站点文件夹下里找到两个文件。（图2-11-8）

步骤5．此时看到的"index.html"文件就是Photoshop切片之后默认生成的首页面。用Dreamweaver开启文件，可以看到整个网页内容全是图片，且都放在一个<table>里。（图2-11-9）网页内容现在都是由图片组成，而且在一个表格里影响网页的下载速度，现在需要重新排版。

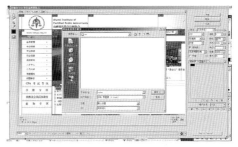

图2-11-6　Index下的站点文件

图2-11-7　切片文件

图2-11-8　站点文件夹里的文件

图2-11-9 默认生成的首页面

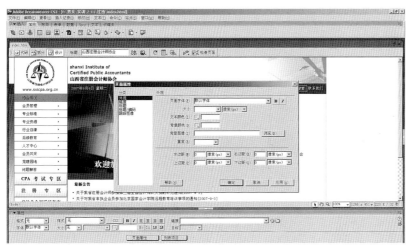

图2-11-10 页面属性

2.制作站点

接下来的工作就是编辑页面，这需要综合运用前面所学的知识，进行网页制作。

步骤：

步骤1．用Dreamweaver打开已经生成的网页文件，即站点目录下的index.html文件。排版的方法可以根据个人的习惯来进行（这里的方法只是笔者自身习惯的一种方法）。

步骤2．在当前打开的"index.html"里直接进行重新排版工作，排好之后直接删除原有生成的这个表格即可。（为了保存重新排版的页面，可将index.html页面另存为index1.html）

步骤3．依然编辑"index.html"页面并设置【页面属性】，即选择主菜单的【修改】→【页面属性】，页面边距全部设置为0像素。（图2-11-10）

步骤4．在插入工具条中选择【常用】标签，并选择表格 按钮，插入一个宽度为1002像素的1行4列表格，把第4列的单元格的对齐方式【水平】设置为右对齐，依次插入图像（可以从下边的表格里把所需要的图像直接拷贝粘贴），【宽】不需要设置，直接拖动单元格直到紧挨图片即可。（图2-11-11）

步骤5．同样的方法，对应下边的切片需要插一个宽度为1002像素的1行2列的表格。在左侧的单元格中插入图像"index_05.gif"，并在右侧的单元格中插入一个宽度为100%的1行7列的表格，且在此单元格插入背景图像"bg.gif"。（图2-11-12）

步骤6．此时在1行7列的表格里依次输入文字（文字内容可以返回到制作的PSD源文件里进行拷贝粘贴）、插入文本框以及图像。（图2-11-13）

步骤7．这时会发现文字大小、文本框的宽窄都不是所要效果，所以要新建立CSS样式表，

图2-11-11　表格插入图像

图2-11-12　背景图像

图2-11-13　编辑文本及输入框

定义文字大小、间距、背景固定、文本框宽度、文字链接效果等样式。（图2-11-14）

样式表文件的代码如下：

```
.font {
    font-size: 9pt;
    line-height: 13pt;
    color: #FFFFFF;
}
.imput {
    width: 120px;
}
.font1 {
    font-size: 9pt;
    line-height: 13pt;
    color: #000000;
    text-decoration: none;
}
a:link {
    font-size: 9pt;
    color: #000000;
    text-decoration: none;
}
a:visited {
    font-size: 9pt;
    color: #333333;
    text-decoration: none;
}
a:active {
    font-size: 9pt;
    color: #000000;
    text-decoration: none;
}
a:hover {
    font-size: 9pt;
    color: #333333;
    text-decoration: none;
}
```

图2-11-14 CSS样式表

步骤8．依照同样的方法，依次插入表格、文字和图像，完成的效果如图2-11-15所示，至此一个完整的首页就制作完成了。

图2-11-15 完整的首页

3.发布站点

发布站点就是把设计并制作好的网页上传到Web服务器上,让别人通过网络访问你的网站。而在发布之前必须对发布的内容进行相应的测试,只有确保正确无误后才可上传。

(1) 发布前的准备

① 域名注册

域名如同商标,是因特网上的标志之一。Internet上的域名是非常有限的,因为每个域名都只有一个。在网络中任何人和事都是平等的,谁都不具有什么优先权,只是域名注册的先后问题。在美国,连街头上的小百货店和小加油站都在注册他们的域名,以便在网上宣传自己的产品和服务。

注册域名的方法可以通过注册网站机构的网站填写注册资料注册。注册完域名后,注册机构会告诉你管理域名的用户名、密码及管理面板的地址。

② 虚拟主机租用

虚拟主机(Virtual Host Server)使用特殊的软硬件技术,把一台计算机主机分成一台台"虚拟"的主机,每一台虚拟主机都具有独立的域名和IP地址(或共享的IP地址),具有完整的Internet服务器功能。

虚拟主机同样也是通过提供该服务机构的网站提交注册信息注册的。注册成功后服务器提供商会告知关于该虚拟主机的IP、FTP账号、FTP密码及管理该虚拟主机的平台地址等信息。

③ 域名解析

根据域名注册机构提供的用户名、密码及控制面板地址,登录到控制面板。

A. DNS记录

每个域名解析都应当有至少一个DNS服务器。DNS服务器记录应当填写主机名,而且是正式注册过的合法的DNS服务器。在修改DNS记录时请务必慎重,否则有可能造成域名不能正常解析。(图2-11-16)

B. 域名A记录指向

IP地址记录就是将一个子域名解析到某个IP地址。常用的IP地址记录有www等,同一个子域名可以有多个IP地址记录,此时,DNS服务器会随机回答多个IP当中的一个,通常用于负载均衡。(图2-11-17)

C. 邮件记录

每个域名解析都应当有至少一个邮件服务器记录。邮件服务器记录应当填写主机名,通常是Mail,然后在下面的子域名解析中有一个Mail子域名的IP地址记录,最终指向邮件服务器的IP地址。(图2-11-18)

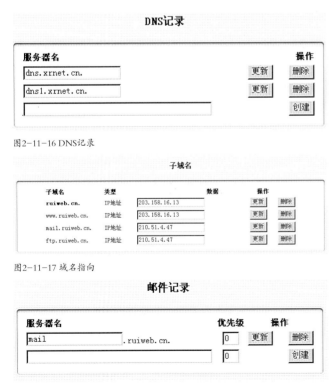

图2-11-16 DNS记录

图2-11-17 域名指向

图2-11-18 邮件记录

（2）文件的上传

上传是FTP（文件传输协议）中的一个文件传输功能。通过FTP，既能够将文件从网络上拷贝下来，也可以把本地机上的文件传到服务器上去，即上传。下面介绍用IE上传的方法：

步骤：

步骤1．打开IE浏览器，在地址栏中输入"ftp:// 203.158.16.6"或"ftp://www.dl168.cn"。（注1）

步骤2．单击【转到】按钮或回车将弹出"登录身份"对话框。（图2-11-19）

步骤3．分别在【用户名】、【密码】处输入虚拟主机提供商给的FTP用户名和FTP密码，单击【登录】按钮即可登录到虚拟主机上。（注2）（图2-11-20）

步骤4．到本地硬盘找到要上传的文件，选中这些文件，单击右键选择【复制】命令。切换到刚才登录了的虚拟主机上，进入放置Web文件的文件夹。单击右键选择【粘贴】命令，这时会出现复制进度条，等进度条走完后上传文件也就完成了。

（3）检查

网站文件上传完成后，第一步是要对上传完的网站进行检查。

检查的内容主要包括：

①打开IE在地址栏输入域名，看看能不能正常访问网站。

②检查的网站中所有的图片是否显示正常。

③检查网站中的链接是否正常。

小结

通过实例演示网站制作的全过程，要大家掌握设计和制作网站的整体思路与方法。不同的案例只是风格上的区分，但最终实践的过程和技术都是相同的。

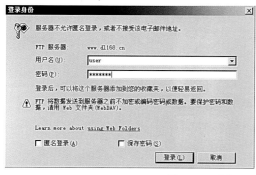

图2-11-19　登录FTP

图2-11-20　显示已登陆上FTP

注1：ftp://后面跟的是服务器的IP或域名，因为域名作了解析后域名和IP是一样的。

注2：因为虚拟主机提供商的不同，登陆后的显示也有可能不同。如果有文件夹的话一般在虚拟主机开通信里会告知应该把Web文件放在哪个目录下，如果没有文件夹的话放到根目录就可以。下面应该放在hrdocs目录中。

优秀网页设计欣赏与作品评析

国内优秀作品
国外优秀作品

第三章 优秀网页设计欣赏与作品评析

一、国内优秀作品

教学目的 — 欣赏优秀网页作品，提高艺术审美和设计标准。同时开阔设计标准并熟练技术的综合应用

课程时间 — 2课时

1. 影视类网站

作为有效的市场手段，提供最近在剧场上映或正在制作的大部分电影的广告或信息，以此为目的而运行的网站很多。电影网站具有很强的时效性。电影广告网站，最重要的是将相关电影信息以感性的方式传达给网民。

此类网站多采用黑色或深色为背景，这可以看作是使用了电影院银幕和背景的颜色。在深色背景下利用Flash制作的网络动画，能营造出一种在电影院里看电影的气氛。

电影网站多是运用Flash、生动的图像，还有插入实际的片段等。这种片段或Flash一般通过网络在网页上提供，电影完结后自动回到主页；或自动弹出一个新窗口，在里面放映电影片段或Flash。以下是几个影视类网站：（图3-1-1至图3-1-4）

图3-1-1《墨攻》http://www.abattleofwits.com.hk/

图3-1-2《天堂口》http://www.bloodbrothersthemovie.com/

图3-1-3《集结号》http://assembly.hbpictures.com/

图3-1-4《看上去很美》http://littleredflowers.com/

2. 音乐类网站

音乐网站需要展现音乐带来的精神上的自由、感动和趣味。歌手、乐队网站需要根据音乐的不同安排有区别的图像。利用背景音乐或制作可以听到音乐的部分来表现音乐网站的特性。

歌手具有很强的个性，他们以个性包装向大众展示自己，所以相关歌手、乐队的网站最重要的是把艺术家的个性全面展示出来。网站要按照艺术家的不同，反映出他的音乐个性和印象。在富有个性的布局上活用色彩的对比，运用能给人留下深刻印象的配色。比起运用有音乐感觉的图像，歌手或是乐队的网站更重要的是用洗练的感觉，表现出他们的自信。以下是几个音乐类网站：（图3-1-5至图3-1-7）

图3-1-5 木马乐队网站 http://www.themuma.cn/

图3-1-6 杰威音乐 http://www.jvrmusic.com/

图3-1-7 我的音乐地盘 http://www.m-zone.com.cn/minisite/music/

3. 休闲、旅游类网站

宾馆酒店、度假村网站大多给人高级和亲切的感觉，图像优雅而且格调较高。

网站充满活力和欢乐的气氛，样式明快，使用鲜明的色彩。这样做会增加用户对度假旅游的好印象。以下是几个休闲、旅游类网站：（图3-1-8至图3-1-12）

图3-1-8 台糖公司 http://www.tscleisure.com.tw/

图3-1-9 尖山埤江南度假村 http://www.chiensan.com.tw/

图3-1-10 逸泉国际大酒店 http://www.espringhotel.com/

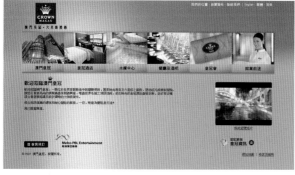

图3-1-11 澳门皇冠五星级超豪华酒店 http://www.crown-macau.com/

图3-1-12 黄龙大酒店 http://www.huanglong.com/

4. 个人主页类网站

个人的网站要能够有效地表现出每个人与众不同的个性，因此网站的设计应该是新颖而又有创意的。

网站利用高画质的大幅图片来构成画面。在传达信息的同时，给人一种美好舒适的感觉。界面构图新颖，配色大方、谐调，可以给访问者留下良好的印象。以下是几个个人网站：（图3-1-13至图3-1-16）

图3-1-13 袁立官方网站http://www.yuanliweb.com/

图3-1-14 姚明官方网站 http://yaoming.sports.sohu.com/

图3-1-15 陶喆官方网站 http://www.davidtao.com/　　　　图3-1-16 王晖越个人网站 http://www.modeljames.com/

图3-1-17 中央音乐学院继续教育网 http://www.ccmce.net/

5. 教育、科研类网站

教育、科研类网站的设计要表现出专业性，给人以信赖的感觉，要营造出一种富有知识而又开放的氛围。网页界面设计既富有朝气又比较实用，最大限度地发挥出学院的专业性，给人能留下深刻的印象。以下是几个教育、科研类网站：（图3-1-17至图3-1-19）

图3-1-18 安徽外国语职业技术学院 http://www.aflc.com.cn/

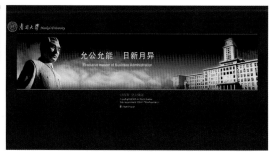

图3-1-19 南开大学EMBA中心 http://www.nkemba.org/

6. 卡通类网站

卡通类网站要运用了视觉化的、快乐的色彩，追求能够营造出强烈愉快感的设计。通过有效运用好的图片创造出新颖的设计，卡通网站最重要的是适当地搭配能唤起人们兴趣和好奇心的要素，使界面的构成不至于让人产生厌倦感。以下是几个卡通类网站：（图3-1-20至图3-1-23）

图3-1-21 涕涕虫 http://www.ttbug.com/

图3-1-20 中国台湾贵宝地 http://www.a-kuei.com.tw/

图3-1-22 Wulowjay http://www.wulowjay.com/

小结

随着网络的流行，我们可以在互联网上看到更多优秀的网站作品。由于章节的限制，我们所展示的只是其中的很少部分。通过对优秀作品的欣赏，希望能够使大家在参考或借鉴的同时，培养敏锐的设计视角，关注各种类型网站的结构和设计要素，如清晰的结构、层次分明的布局、大胆的用色等，这些都是网站形成独特视觉感受的关键所在，简单的刻意模仿远远不能达到设计目的。

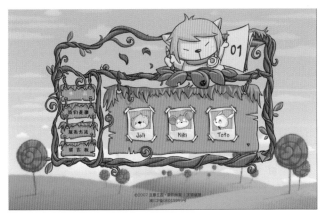

图3-1-23 豆藤王国 http://www.whcartoon.com/

二、国外优秀作品

教学目的 — 欣赏优秀网页作品，提高艺术审美和设计标准。同时开阔设计标准并熟练
技术的综合应用

课程时间 — 2课时

1. 居家类网站

这是一家设计并生产家具的公司网站。首先我们打开页面即可感受到网站所呈现出的行业特点：活用网格，给人的感觉干净利落，配色温和、高雅，菜单的设置也很特别，让浏览者可以轻松地到达他想去的任何地方。（因为产品图像过多，所以整体网站打开的速度略慢）

这个网站以800×600像素分辨率为基准，内容基本排列在以浏览器为基准的左上角。简洁的布局，极大地活用了网络系统，有效地排列了网页的内容，反复地看到片段。以下是几个居家类网站：（图3-2-1至图3-2-4）

图3-2-1 http://www.design-by-us.com

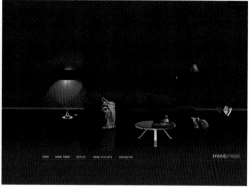

图3-2-2 http://www.movipreco.pt/

图3-2-3 Blank&cables 网站 http://www.blankandcables.com

图3-2-4 http://www.kyurim.com/

2. 多媒体、数码类网站

我们所看到网站是一个随时更新自己网站版本的多媒体公司Neostream Interactive的网站。Neostream的网站经常在主页大赛上获奖。它通过灵动和精巧的Flash动画，使网站有很强的趣味性，也更突出了网站本身固有的设计精髓。

整体风格简洁、流畅，最令人喜欢的就是百变的卡通人物设计。

Neostream的网站是以1024×768像素分辨率为基准制作的，网站内容安排在浏览器最中央的位置，保证内容都控制在这一屏幕范围。该网站的整体布局简洁，设计感突出。

总体来说，该网站主要使用黑色、白色、灰色等色彩。但是其动画效果非常绚烂，能够紧紧抓住浏览者的眼球，充分调动大家的情绪。以下是几个多媒体、数码类网站：（图3-2-5至图3-2-7）

图3-2-5 Neostream Interactive http://www.neostream.com

图3-2-6 http://www.8plus9.com/

图3-2-7 http://www.recyou.jp

图3-2-8 Kashiwasato http://kashiwasato.com

3. 艺术、设计类网站

网站整体设计简洁。作品集是通过每个作品所涉及到的颜色做成线条，一个类别色系的作品放在一个集子里面，想法新颖又增加了阅读作品的方便性，与其他用传统照片的网站就区别开了，整个网站显得十分欢快且具有动感。

kashiwasato网站的读取条也很特别，它区别以往网站的单一陈旧的读取条，而是采用魔方一样的小格子，作品没有读取出来的时候，格子是黑色的，随着作品的读取格子将变成作品所搭配的颜色。首页的色彩条可以区分这一组作品的色彩搭配，而这9个小格子可以在这一组作品中区分不同作品的色彩搭配，或暖或冷表现得淋漓尽致。

色彩相对简单的作品集色彩条也会相对简单，黑白灰加上冷暖就可以表现这组作品，读取条的小格子也相对颜色较少，我们可以通过这些颜色在没有看到作品时就对作品的配色有一定的了解。以下是几个艺术设计类网站：（图3-2-8至3-2-11）

图3-2-9 http://www.designchapel.com/

图3-2-10 http://www.anatol.de/

图3-2-11 http://www.simyogallery.com/main.php

4. 公司展示类网站

作为大众汽车一系列网站中的一个，这个Flash小型网站介绍了新甲壳虫汽车家族中的最新成员——敞篷型甲壳虫。这个网站成功地为这款汽车产生了引人注目的效应。

和大多数大众汽车网站一样，甲壳虫的独特性和它网站的独特性相映成趣。网站通过一个特殊的用户界面(其中包括怪异的插图，让人振奋的蓝天格调和不繁琐、不压抑而直观的导航系统)来展示这辆汽车的功能和外观颜色。浓缩了的导航系统，其中包括一套简单的按钮，没有任何下拉菜单，避免了视觉上的过于复杂。这使访问者能够把注意力集中在网站内容上，而不是在如何找到这些内容上。

和大众的全部产品一样，新甲壳虫的真正销售推广意图是展示消费者如何与汽车联系在一起。为了不仅单单推广这款汽车的造型，网站内容把注意力放在了这款车是如何改变驾驶者的日常生活上。一个例子就是"随手拍"内容部分，其中展现了一个电视广告式样的新甲壳虫用户。开发者充分利用Flash里面的视频合成技术把11000张静态照片完美地制作了4个具有幻灯片风格的视频抓拍片段。除此之外，网站访问者也可以查看每一种汽车颜色。在3D环境中渲染出的效果图(而非实物照片)，这一独特的展示方式保留了照片的真实感，但在同时又避免了那种单调的同一视觉效果。以下是几个公司展示类网站：（图3-2-12至图3-2-14）

图3-2-12 大众汽车系列网站 http://www.vw.com/newModels.htm/

图3-2-13 http://www.pgo.fr/models/cevennes/

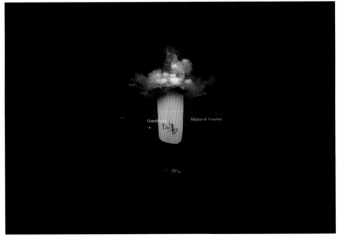

图3-2-14 http://www.villadellerose.net/

5.　体育运动类网站

　　Mizunocreation 8是Mizuno（美津浓）在巴西推广介绍Creation 8跑鞋的网站。对于Mizuno这个日本品牌，我们应该在很多乒乓球的赛事中能经常看到。此类产品的网站主要是吸引年轻人购买，Flash互动当然是不可缺少的惯用招数。简洁的设计以不同的路面扭曲成"8"字交织在一起，配上路面粗糙的纹理质感，给人运动遐想的空间。

　　收缩式的导航给人很酷的感觉，配上形象的图形让浏览者更加直观。进入二级页面后，360°旋转鞋面全面介绍鞋的最新科技，多款不同颜色的跑鞋供你挑选，结合视频诠释鞋的科技与人的完美结合。以下是几个体育运动类网站。（图3-2-16至图3-2-18）

图3-2-15 http://www.zetauka.com

图3-2-16 mizunocreation 8 http://www.mizunocreation8.com.br/site.html

图3-2-17 http://www.tigerwoods.com/

图3-2-18 http://www.nostalghia.co.kr/leisure/

小结

国外的网站作品在设计感官上更加独特、更加随心所欲，我们能很明显地感受到网页设计作为兼具实用性和艺术性的一个专业领域而越来越备受瞩目。网页的艺术设计由平面设计扩展到立体设计，由纯粹的视觉艺术扩展到空间听觉艺术，这种效果不再近似于书籍或报纸杂志等印刷媒体，而更接近于电影或电视的观赏效果。网页技术的不断发展促进了技术与艺术的紧密结合，我们要靠自己的努力，在传达信息的同时，努力把浏览者带入到一个真正现实中的虚拟世界。

写在后面

在这本《网页设计与实训》教材的编写中，我们遵循了三个原则：首先是教材的原创性，书中所应用的网站实例及实训项目作业都是平时实践性作品和学生的课程作业，把它们作为教材和光盘中的作业范例是因为它们具有在同等层次的代表性；其次是专业性和实用性，我们的教材是针对高职高专的学生量身而定的，突出实用性是本教材的宗旨，是在艺术指导下进行的技术创作；第三，是实训性。教材本着实训性这条主线，有机地把设计与市场做了很好的结合，使其不仅是一本工具书，还是一本高质量水准的专业书。

整体教学过程由浅入深，由表及里。比如每一章节的安排都是按照由教学要点到实训项目，再从小节到最后的练习题串联在一起，而书的整体章节又是按照一个网站从创意到制作完成这样的过程来安排顺序的，在本书第三章，提供了一些国内外优秀网站作品，并加以评析，使学生在欣赏优秀作品的同时，获得审美与创作意识的提高。

希望通过此教材的出版能够得到更多同行同专业的认可和指正，使大家能在和谐、进取的气氛中，提升我们的教材质量。同时感谢林家阳教授对编写这本教材所做的指导。感谢广播电影电视管理干部学院的丁海祥教授、申明远教授在百忙之中参与教材的编写和指导工作，感谢我的同事邢恺老师和王永红老师，以及提供实训项目素材的我的学生们。

过嘉芹
2007年11月

总 主 编：林家阳
策 　 划：曹宝泉　田　忠
责 任 编 辑：田　忠　王　丰　甄玉丽　尹传霞　黄秋实
编 辑 助 理：李义恒
封 面 设 计：王　璐
装 帧 设 计 与 制 作：张世锋　周鑫哲
校 　 对：杜恩龙　刘燕君　曹玖涛　王素欣　李　宏

图书在版编目（ＣＩＰ）数据

网页设计与实训／过嘉芹等著.—石家庄：河北美术出
版社，2008.1
教育部高等学校高职高专技术设计类专业教学指导委
员会十一五规划教材
ISBN 978-7-5310-2955-7

Ⅰ. 网… Ⅱ.过… Ⅲ.主页制作—高等学校：技术学校—
教材 Ⅳ. TP393.092

中国版本图书馆CIP数据核字（2007）第174557号

网页设计与实训　丁海祥　申明远　过嘉芹 著

出版发行：河北美术出版社
地 　 址：河北省石家庄市和平西路新文里 8 号
邮政编码：050071
制 　 版：翰墨文化艺术设计有限公司
印 　 刷：河北新华印刷二厂
开 　 本：889毫米×1194毫米　1/16
印 　 张：10
印 　 数：1~5000
版 　 次：2008年1月第1版
印 　 次：2008年1月第1次印刷

定 　 价：39.80元